中華民國中山學術文化基金會中山文庫

# 有趣的微生物世界

劉仲康・林全信著

臺灣 學生書局 印行

# 再版說明

　　中山學術文化基金會為加強青年及一般國民之通識教育，特於民國八十五年主編「中山文庫」一套，內容以人文、社會、科技為主軸，邀請海內外專家學者撰寫，計共百冊，每冊十萬字為度，俾能提倡社會讀書風氣，形成書香社會。交由臺灣書店印行，現該書店業已結束經營，而文庫諸書亦多已售罄。基金會即商請再版印行。本書局在臺成立四十六年，主要以提倡學術文化，建立書香社會為職志，而文庫之內容簡明扼要，論述鞭辟入裏，必能裨益學林，遂欣然同意陸續規劃發行。爰以再版在即，敘述緣起如上。

臺灣學生書局　謹啟
中華民國九十三年九月

# 序

　　中山先生不僅是創立中華民國的　國父，而且也是廣受國際人士推崇的一位偉大的思想家。中山先生自謂其思想學說的主要淵源，乃係數千年來中華民族文化的一貫道統。而孔子的大同思想，尤爲其終身所嚮往。故中山先生一生欲謀解決的，乃是中國和全世界人類的共同問題。他的思想學說之所以能夠受到各國有識之士的重視，自非無因。

　　蔡元培先生所撰之「三民主義的中和性」一文中，談及古今中外許多思想家和政治家所提出的解決人類問題的主張，大都趨向於兩個極端。例如中國法家的極端專制，道家的極端放任。又如西方人士主張自由競爭的，則要維持私有財產制度；主張階級鬥爭的，則要沒收資本家的一切所有，這些都是兩極端的意見。而具有「中和性」的三民主義，則是「執其兩端，用其中」，主張不走任何一端而選取兩端的長處，使之互相調和。所以蔡先生說：「能夠提出解決人類問題的根本辦法的，祇有我們孫先生，他的辦法就是三民主義。」因此蔡先生一生服膺三民主義，成爲中山先生最忠實的信徒。

　　從中山先生傳記中，可知他青年時期所接受的是醫學的專業教育，故對自然科學具有良好的基礎。加以他博覽中國的經史典籍，並精研西方的「經世之學」，所以他的思想學說，實涵蓋了人文、社會及自然科學的各種領域。因而他對達爾文的進化論、馬克斯的唯物史

觀以及西方的資本主義，均能指出其錯誤和偏差。而中山先生一生主張「把中華民族從根救起來，對世界文化迎頭趕上去」。正如孔子一樣，他真正是一位「聖之時者」的偉大人物。

中山先生常言：「有道德始有國家，有道德始成世界」。環顧今日國內則社會風氣日趨敗壞，「四維不張」，人心陷溺，而國際間則爾虞我詐，戰亂不息。在整個世界人人缺乏安全感的環境中，我們更不能不欽佩中山先生數十年前的真知灼見。他這兩句特別重視道德的「醒世警語」，實在是人類所賴以共存共榮的金科玉律，更為一種顛撲不破的真理。今日由於交通及電訊的便捷，有人常稱現在全世界為一「地球村」；但如在此地球村生存的人沒有「命運共同體」的意念，則所謂地球村，僅係一空洞名詞。中山先生所遺墨寶中，最常見者為「博愛」與「天下為公」數字，我們倘能廣為宣揚他這種「為往聖繼絕學，為萬世開太平」的理念，則大家所居住的地球村，將可呈現一片祥和的景象，使人類獲得永久的和平與幸福。

中山先生一生特別強調「實踐」的重要，故創有「知難行易」的學說。所以我們今日研究中山先生的思想學說，似不宜專注於其理論的層面，而應以中山先生思想學說的重要理念為基礎，進而參酌各種學術研究的最新成果，與世界潮流未來發展的趨勢，以及我國社會當前的實際需要，藉使中山先生思想學說的內涵，能不斷增補充實，與時俱進，成為「以建民國、以進大同」的主要指標。

中山學術文化基金董事會自民國五十四年成立以來，即以闡揚中山先生思想及獎勵學術研究為主要工作。余承乏董事長一職後，除繼續執行各項原定計畫外，更邀請海內外學術界人士撰寫專著，輯為

「中山叢書」及「中山文庫」。同時與報社合作，創刊「中山學術論壇」。此外，復就中山先生思想體系中若干易滋疑義之問題，分類條列，悉依中山先生本人之言論予以辨正。務期中山先生思想在國內扎根，向國外弘揚，並進而對促成中國和平統一大業能有所貢獻。

劉 真

中華民國八十三年六月
於中山學術文化基金會

# 自　序

　　什麼是微生物學？微生物學家在作些什麼？微生物學與我們的日常生活又有什麼關係？筆者從事微生物學之教學與研究工作多年，深感於一般民眾與學生，對於微生物學知識的缺乏。然而，一般市售的微生物學教科書，由於係以學術性的方式書寫，不但厚厚的巨冊令人觀之生畏，同時內容艱澀，也不是非熟悉生物學的一般民眾所能輕易領會；因此，使得大家錯失了許多與我們日常生活息息相關的重要微生物學資訊。

　　在趙金祁教授的推薦與鼓勵下，藉著「財團法人中華民國中山學術文化基金會」編印《中山文庫》的機會，將這些年來在微生物學教學與研究上的一些心得，以趣味性的寫法寫成十數篇通俗性文章，集結成冊；其中若干篇文章已先行在《科學月刊》中發表過。希望本書能引起讀者們對微生物學的興趣與重視。

　　本書在撰寫過程中，受到許多親友及同事們的關心與鼓勵；同時，以往教授過的學生及一些《科學月刊》的讀者也頻頻參與討論及給予建議；在此一併致謝。特別要感謝葉心玫小姐及林佑勳先生，精心的為本書策畫、整理與繪製許多精美插圖，使本書更出色。此外，也要謝謝財團法人生物技術開發中心林畢修平博士、中山大學生物系戴上凱先生的提供照片，以及許多國外出版社的慷慨授權使用其具有版權之插圖或圖片。在我們撰寫本書的日子中，不免對家人及實驗室

中的工作伙伴有所疏忽；感謝她／他們的包容與體諒。由於撰寫匆促，加之以作者熱忱有餘而功力不足，難免有錯失及遺漏之處，還請學者先進及讀者們不吝指正。

劉仲康
林全信　謹識
1998年4月於國立中山大學
生物科學系及海洋資源學系

# 作者簡介

**劉仲康**

一九五〇年生於臺灣省臺中市。

國立臺灣師範大學生物系學士（1975）；美國德州休士頓大學生物系微生物學碩士（1981）、博士（1985）。

曾任國中教師、大學助教、財團法人生物技術開發中心副研究員、私立東吳大學微生物系兼任副教授；現任國立中山大學生物科學系教授、科學月刊社編輯委員、理事。

劉博士從事微生物學之教學與研究多年，專長於細菌生理學及環境微生物學；於專業科學期刊及學會中發表有數十篇學術論文。平時除教學研究工作之外，亦關心生態環境與科學教育問題，經常發表通俗性科學文章於國內雜誌。

著有：《細胞學與微生物學實驗手冊》（美國曼菲斯大學，一九九三年出版）與《谷關區自然生態之美——浮游生物篇》（中台科學技術出版社，一九九三年出版）二書。本書是劉博士第三本著作書籍。


**林全信**

一九五八年秋生於台灣省嘉義縣濱海小村，適值八七水災之後。

國立中興大學食品科學系學士（1982）；國立清華大學化學工程

碩士（1984）；美國加州大學爾灣分校生化工程博士（1992）。

　　曾任財團法人生物技術開發中心助理研究員、美國Canji生物技術公司研究員；現任國立中山大學海洋資源學系教授、國立高雄師範大學工業教育研究所兼任教授。

　　林博士非常關心水產養殖環境問題、本土生物技術工業的發展以及相關的科技教育，於專業科學期刊及學會中發表有數十篇學術論文。

　　書籍方面編著有：《熱傳導學》（大中國出版社，一九八五年出版）與《豐富的海洋資源》（臺灣書店出版，一九九七年出版）二書。

# 目　次

# 第一章　什麼是微生物

　　在我們日常的居住環境以及整個地球生態圈中（所謂生態圈是指地球上所有有生物居住的區域），均充滿了許多肉眼無法看到的微小生物；這些生物由於體型很小必須藉助於一些放大工具來觀察，例如顯微鏡等，因此被稱為「微生物」。

　　雖然這些生物由於體型微小而往往被我們所疏忽，但是它們卻是整個生物界中不可缺少的一環。例如：有些微生物可進行光合作用製造有機物質（事實上，地球上大部分的光合作用均由一些稱為藻類的微生物所進行，其所生產的有機物質與釋放到大氣中的氧氣遠超過一般常見的陸生植物）；而有些微生物則專司分解，它們可以將動植物的死亡體、排泄物及我們人類製造的垃圾逐步分解，如果少了它們，可以想像地球會變成什麼模樣！有些微生物則能使我們生病，甚至改變了人類的社會結構與歷史。也有些微生物能用於製造醬油、酒及乳酪等食品，豐富了我們的文化及提高生活品質。近年來由於生物技術的發展，人們更可以利用微生物來生產許多醫藥保健上的物質，例如：治療糖尿病的胰島素、血友病患需要的凝血因子以及促進生長的生長激素等等。這些種種有趣的現象均將在本書的爾後各章節中逐步介紹給大家認識。

　　至於微生物包含了哪些生物呢？根據我們目前的分類系統，可將之歸納成五大類生物：細菌、病毒、藻類、真菌及原生動物。當然，

其中有些大型藻類及真菌的體型大到足以用肉眼直接辨識，甚至如昆布類的大型褐藻可長達數十公尺；但基本上，微生物學家所研究的對象仍以肉眼不能辨識的微小生物為主。

## 一、細菌

　　談到細菌，一般人的首先反應通常是怕怕，認為它們會使我們生病，最好離我們越遠越好。事實上，會使人生病的細菌（病原菌）只占了所有細菌的極小一部分；而大部分的細菌卻是與我們和平共存的。但由於這些少數病原菌可使人們遭受莫大的痛苦與死亡威脅，因此，早期的微生物研究都偏重在病原菌上。由於近代生物科技的發達與環保意識的高揚，因此，目前微生物學家也將研究的範圍擴大到許多食品微生物學、工業微生物學以及環境生態微生物學的領域。

　　細菌是單細胞生物，每個細胞均能獨立進行完整的生理代謝作用與繁殖功能，但有時也可數個細胞聚集在一起，形成雙併狀、鏈狀、四聯狀、八聯狀或不規則的聚集成團。細菌細胞的形狀則常可區分為桿狀、球狀及螺旋狀，但有時也有一些細菌的細胞呈現特殊的形狀，例如具有突起的不規則狀、三角形狀等等。它們的大小常介於一微米至十微米之間（1um～10um），必須藉助顯微鏡才能觀察到。圖1-1為光學顯微鏡下放大一千倍的細菌（圖a為大腸桿菌；圖b為一種土壤中常見的球菌）。

　　而細菌的分佈則是無所不在的；有些能生活在高達沸點的溫泉中；有些能生活在冰箱甚或冰點以下的深海中；而更多的則是在我們日常的居住環境中，如土壤、河水、空氣、食物中處處均可發現它們

（a）

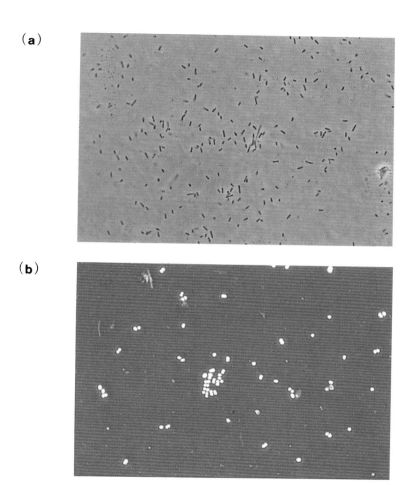

（b）

**圖1-1**　光學顯微鏡下放大一千倍的細菌照片。(a)腸道中常見到的大
腸桿菌；(b)一種生存在土壤中的球菌。（劉仲康攝影）

的踪影；甚至各種動植物的體表及體內也是它們的棲息場所，真可說
是與我們「長相左右」呢！這些與我們共生的細菌通常無害，而且有

時對宿主尚有莫大的益處。例如腸道中的共生細菌是腸道中的捍衛戰士，它們可以抑制有害雜菌的生長保衛宿主免受感染，也可以刺激我們免疫系統的成熟，此外尚可合成大量的維生素，不但自己使用，並且可以供給宿主吸收及利用（相信嗎？我們每天排出的糞便中有百分之六十的組成是細菌！）；又如女性的陰道中也共生著許多產酸的細菌，它們可使陰道維持一個酸性的環境，而讓一些外來的雜菌不適於生長，而達到保護宿主的功效。

　　細菌的生長是極為快速的；以大腸桿菌為例，其細胞在適宜的生長環境下，每二十分鐘左右便可生長分裂為二個細胞，如持續以此速度繁殖下去，則四十餘小時後其重量便可達到與地球相等，真不可思議！幸好這種事情並不會真的發生在我們的現實環境中。由於營養的缺乏及代謝排泄物的累積，細菌的生長很快便會受到限制；但即使如此，細菌快速生長的特性以足使它們對環境產生重大的影響。例如，一杯置於室溫下的牛乳，數小時便可繁殖出上千萬的細菌而使得該牛乳產生酸味而敗壞，以至於不適合飲用了。

　　近年來由於分子生物學及遺傳工程學的快速發展，人們逐漸了解了細胞中基因的功用及如何操控這些基因使之表現；我們已可以將一些人類的基因剪接到細菌細胞內，再利用細菌快速生長的特性，使每一個細菌細胞成為一間小小工廠，來生產人類基因的產品，如胰島素、生長激素等，使得這些肉眼看不到的細菌又多了一些新的功用。

## 二、病毒

　　病毒是所有生物中體型最小的一種，因其體積太小，可以通過一

般過濾細菌的濾膜，因此又可稱之為「濾過性病毒」。病毒不具有一般細胞的組成，通常僅由一些蛋白質包圍住它的遺傳核酸，有些外圍再覆以一層套膜；它們缺乏一般細胞中共有的細胞質、核醣體及細胞膜等，不但體積微小而且構造簡單。

因為病毒缺乏獨立生活的能力，因此所有的病毒都必須寄生在宿主的細胞內（宿主可為動物、植物甚或細菌）；就好像一個惡房客，不但不付房租，而且一切吃住都大大方方的取之於房東。病毒在宿主細胞內可繁殖出許多後代，並將宿主細胞溶破釋放出去，每一個新病毒又去尋找下一位倒楣的房東。它們為什麼具有這種能力呢？主要的是病毒的核酸（負責遺傳的物質）一旦進入宿主細胞內後，便掌控了宿主的生化活動，它們發出命令使宿主停止自己原本該做的工作而去效命於病毒，賣命地去替病毒生產它們後代所需要的物質。這些小小的生物替人類帶來了許多麻煩，諸如流行性感冒、B型肝炎、小兒麻痺症、登革熱、狂犬病乃至於令人聞之色變的愛滋病等，都是它們的傑作。因此，我們可絕不敢忽視它們的存在！但是這些小小的生命也是微生物學家及分子生物學家最好的老師，許多近代主要的分子生物學知識及遺傳工程的技術都是由研究病毒所獲得的呢。圖1-2為愛滋病毒的模型圖，雖然其體積很小，但是構造上卻也絲毫不馬虎，具備了一切繁殖與侵襲宿主的構造。

## 三、藻類

藻類是一群具有葉綠素可進行光合作用的單細胞或多細胞小型植物，它們通常沒有複雜的生殖器官或維管束，因此大多生活在水中或

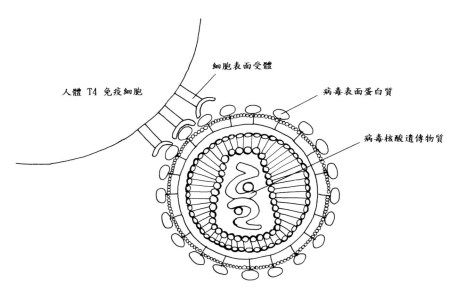

人體 T4 免疫細胞

細胞表面受體

病毒表面蛋白質

病毒核酸遺傳物質

**圖1-2 愛滋病毒感染人類免疫細胞的模型圖（葉心玫製圖）**

潮濕的泥土及樹皮等地點。微生物學家所研究的藻類是以單細胞或小型肉眼不易觀察的藻類為主，而那些大型藻類通常是由藻類學家或植物學家去研究的。

藻類因其構造及其體內具有色素種類的不同，而可區為綠藻、紅藻、褐藻、金黃藻、渦鞭毛藻……等十餘種藻門（「門」為生物分類上的階層，其下又可細分出許多綱、目、科、屬及種）。它們大多浮游生活在各種水域中，包括海洋、湖泊及河川等，凡是陽光照射得到的水域大多可以發現藻類的踪跡。它們利用陽光、水分以及二氧化碳來進行光合作用，是水域中的主要生產者；其經由光合作用產生的有機養分不但成為食物鏈中的主要食物來源，同時相伴釋放而出的氧氣

也提供了生物呼吸所需。據估計，地球上80%以上的光合作用都是由這些不起眼的浮游藻類所進行的；因此藻類在地球整個生態平衡上是極重要且不可缺少的一環。

　　有些藻類可直接供人們食用；有些則可自其中萃取有用物質供我們使用。例如，自褐藻中提煉出的藻膠可以添加在諸如冰淇淋、沙拉醬等食品中使之更美味，也可添加到一些工業塗料中使之更耐久。另有一類矽藻因其細胞壁上堆積了許多矽質，於顯微鏡下觀察時呈現出美麗的矽質花紋（如圖1-3），它們可作為工業用途，例如矽藻土可用來過濾酒、果汁等，也可作為化妝品及工業上的磨光劑；此外，矽藻體內也含有很高的油脂，死亡後埋入地層中經過高壓高溫的地質化作用後也可逐漸形成石油。而一些渦鞭毛藻類中的某些品種則可產生一些對高等動物具有毒性的神經性毒素，這些藻類常在春夏之際大量繁殖於近海及河口處；這是因為人們污染了河川，大量有機物及營養鹽隨著河水流入海洋，因此，使得這些毒藻得以快速生長繁殖。由於這些渦鞭毛藻細胞內具有一些紅色色素，因此海水會呈現出紅色，通常稱之為「紅潮」。貝類等生物可濾食這些藻類，通常對貝類無害，但是其分泌的毒素卻可累積在貝類體內，當人們誤食這些被污染的貝類後就會產生嚴重的食物中毒，嚴重者甚至會喪命。數年前本省東港地區曾發生西施舌中毒事件，造成多人死亡，就是這些毒藻闖的禍。

## 四、眞菌

　　眞菌是一群不具有葉綠素（不能進行光合作用）的眞核生物，它們是自然界中的「清道夫」。眞菌因具有強大的分解能力，因此各種

（a）
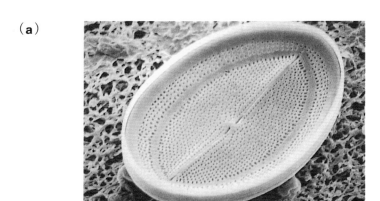

（b）
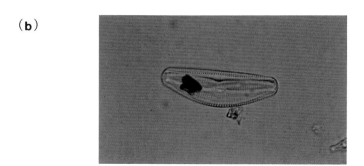

圖1-3    矽藻具有美麗的矽質外殼，是大自然的傑作。(a)掃瞄式電子
　　　　顯微鏡照相下的一個扁圓形矽藻，其上花紋極爲美觀（本插
　　　　圖 取 材 自 ：Microbiology: Concepts and Applications;
　　　　Pelczar, Chan, and Krieg; 1995. McGraw-Hill, Inc. 授 權 轉
　　　　載）。(b)光學顯微鏡下的另一種矽藻——橋彎藻，是本省河
　　　　流中常見的藻類。（劉仲康攝影）

有機物在適當的濕度與溫度下，很快便會被真菌分解掉。尤其本省地處亞熱帶，氣候溫暖而潮濕，特別有利於真菌類的生長與繁殖；我們家中的衣物、紙張、家具、食品等常會有所謂的「發霉」現象（如圖1-4），這些都是真菌的傑作喔！而此種強大生長及分解的能力也為它們贏得「自然界的清道夫」美譽；因為許多動植物的死亡體及糞便都是由這些清道夫快速的分解，而使元素或營養鹽回歸大自然。

**圖1-4　黴菌常造成物品的發霉，是大自然中重要的分解者。（葉心玫攝影）**

真菌可分為二大類，即酵母菌與黴菌。酵母菌通常是由一至數個細胞組成，以出芽的方式來繁殖後代。因酵母菌可進行發酵作用產生酒精與大量二氧化碳氣體，因此被利用來作為釀酒、發酵麵包及饅頭等食品的菌種。此外，酵母菌菌體也可做成健素糖直接供作食用，是

蛋白質與維他命的極佳來源（有關酵母菌的詳細介紹，請見本書第七章〈神奇的酵母菌〉）。

　　黴菌則是多細胞的生物，其細胞常排列成長絲狀，它們可以產生大量孢子隨風而飄送至遠方，當遇到適宜的環境時，便可萌芽而生長。黴菌除了具有強大的分解能力外，有些黴菌為了增強其在自然界中的競爭能力，可分泌一些抗生素至周遭環境中去抑制其他微生物的生長，以便自己享用較多的資源；因此，我們便可刻意的去培養此種生物來生產人類所需的抗生素（除黴菌外，土壤中的放線菌也可產生類似的抗生素；有關抗生素，詳見本書第十四章〈杞人憂談抗生素〉）。黴菌中也有許多被利用於發酵食品的製造，例如：醬油、酒麴、豆腐乳等，使我們的生活更豐富。除此而外，一些大型的真菌如菇類、木耳等也可直接食用。

　　真菌與我們的日常生活關係密切；當然，除了前述的種種益處外也對我們的生活有許多負面的影響。例如，它會使許多物品生黴及敗壞食品，也會感染許多動植物使之生病，而有些則會產生毒素造成食物中毒或致癌。因此，我們應多去了解及認識這些與我們息息相關的小生物，才能更提高生活的品質。

## 五、原生動物

　　原生動物指的是不能行光合作用且大多以胞噬作用來捕食的一群單細胞動物。雖然只是單細胞的生物，但此單細胞卻往往分化出複雜的構造來適應環境。例如，有些原生動物具備高度分化的攝食構造，諸如口溝、食泡等；有些則發展出特殊的運動構造，如鞭毛、纖毛及

偽足等；有些為了排除不斷滲入細胞中的水分，則發展出收縮泡將多餘的水分排出細胞外；有些為渡過不良的乾旱環境而可形成囊胞，遇到良好的環境時又可萌發而生長。它們平時雖然以無性的分裂生殖方式產生後代，但也可進行二個細胞的有性接合生殖；因此，可算得上是麻雀雖小五臟俱全。圖1-5為一隻變形蟲的細胞，它可藉著伸出偽足而運動或捕食，細胞內還可清晰的看到它所吞食一個矽藻細胞。

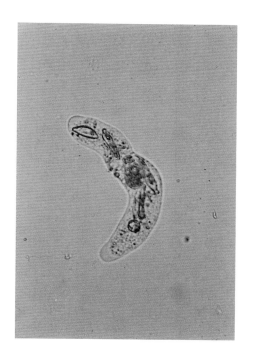

**圖1-5**　變形蟲可藉由偽足來捕食及運動，是水域中常見的原生動物。（劉仲康攝影）

　　原生動物的分佈也是很廣泛的，除了各種海水、淡水環境外，土壤中也是它們的重要棲息場所之一。它們可吞食各種有機碎屑及體型微小的生物如藻類、細菌等。根據研究發現，原生動物是控制自然界中細菌數目多寡的一個重要因子呢！此外，若干種類的原生動物也是人類的重要病原生物。例如：瘧疾、非洲昏睡病、利什曼病、阿米巴性痢疾等，都曾使人們吃盡苦頭；即使時至今日，許多衛生條件不佳的落後地區仍飽受它們的肆虐中。

　　綜上所述，微生物雖然因肉眼看不見而常被我們忽略，但事實上它們又無時無刻的在影響著我們的生活。它們是自然界食物鏈上的重要成員，它們的生活也是多采多姿的。希望讀者能藉著本書的介紹而窺其堂奧並進而產生興趣。

# 第二章　微生物的發現及微生物學簡史

　　相信大家在幼時都曾接受過預防注射，這些預防注射可以保障我們防止一些疾病的感染。而平時不論是吃壞了肚子或是受傷發炎，到了醫院接受抗生素的治療，也可藥到病除。我們的平均壽命隨著醫藥衛生的發達而逐年提高；今日的大多數人均可享受健康、長壽的生活。可是，您可曾想像就在一百五十餘年前，在歐洲或美洲許多如今已是高度文明國家的人民，平均壽命仍只有五十多歲？產婦因住院生產而罹患產褥熱的死亡人數竟高達十分之一？而嬰兒的死亡率也高得驚人，且是造成平均壽命低落的主要原因。在今日，平凡的衛生保健常識如預防接種、飯前洗手等，早已成為我們日常生活的一部分。當我們享受這些福利時，不能不感念早期的微生物學家們為此所做出的貢獻。

## 一、微生物的發現

　　微生物的活動雖然處處影響著我們的日常生活，如使人生病或敗壞食品等；但早期的人們並不知道這些變化是因微生物的作用而引起的。而用顯微鏡所開啟的微生物世界也經過一段漫長的時間，在無數微生物學家的努力研究下，才使大眾逐漸接受了它們。

　　顯微鏡大約在西元1625～1630年間在德國發明。當時的人們對於顯微鏡下看到的微小構造有著強烈的不信任感。那時一位英國人虎克

（Robert Hooke），首先利用顯微鏡觀察到植物組織具有許多小格子狀的構造，他將之稱爲「細胞」。此外，他也用其改良式的複式顯微鏡（因具有二個透鏡而得名，見圖2-1）觀察一些黴菌與昆蟲的微小構造，並於西元1665年出版了一本叫做「顯微畫像」的書；但是此書並未引起當時人們的重視。在同時期，一位住在荷蘭戴夫特市（Delft）的 布 商 賴 文 虎 （Antonie van Leeuwenhoek, 1632～1723），用其自製的單片透鏡顯微鏡首先觀察到雨水、胡椒浸液、唾液等中充滿了許多微小的生物，並發表了一系列的文章詳細描述這些小生物，因此，今日大家都公認賴文虎是第一位眞正的微生物學家；而燦爛輝煌的微生物學大門也自此打開。

圖2-1　虎克所用的複式顯微鏡。（ 本插圖取材自：**Biology of Micro-organisms, 7th ed., Brock et al., 1994. Prentice-Hall, Inc.**授權轉載 ）

　　賴文虎本是一位販布商人，同時也在戴夫特市的市政府工作。他因常需要以放大鏡檢視布匹的紋理，因此養成自己磨製透鏡的嗜好。他將磨好的透鏡安裝在一個設計精巧的架子上用以觀察各種物品，並樂於此道而不疲；這可由他一生中製造了數百個類似的單透鏡顯微鏡而得知。而這位「業餘」的科學界外行人就以此自製的顯微鏡，開啟了當時人們聞所未聞的微生物學大門。他非常仔細的觀察各種樣品並且將之描繪下來，自西元1674～1723年間，他寫了一系列的論文發表在當時科學界最權威的倫敦皇家學會（ Royal Society of London ）期刊上。而他當時所描述的球菌、桿菌、螺旋菌等名詞至今仍在沿用呢！（圖2-2）這些發現為他贏得無上的榮譽，倫敦皇家學會頒贈他榮譽會員，就連當時的英國女王及俄國沙皇彼得大帝都曾親自到荷蘭去探望他。一位沒受過高等教育的布商，秉著一股探索自然的熱忱，竟因此開展了人類文明的視野，真可算是科學史上的一段佳話。

　　然而，當時的人們對於科學新發現的態度仍是保守的。儘管許多學者都曾親眼看到賴文虎所說的「微生物」，也相信它們的存在，但是對於這些小生物的特性及重要性的了解則仍進展緩慢。一直到十九世紀有了更精良的顯微鏡及化學知識的進步後，微生物學才開始邁開腳步有了突飛猛進的發展。

## 二、「自然發生說」的爭論

　　當賴文虎發現了微生物之後，接下來的問題是，這些小生物是從何而來？直到十九世紀中葉，大家都相信這些微小生物是由無生物中自然生出來的，稱之為「自然發生說」。那時的人們甚至相信許多小

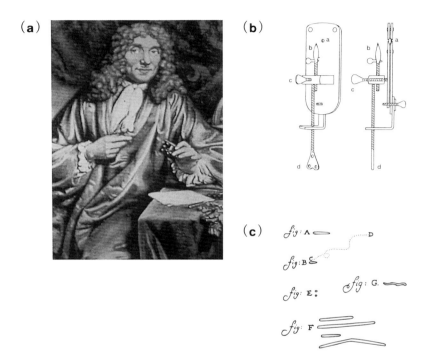

**圖2-2** 微生物學之創始者(a)賴文虎畫像；(b)所使用的自製單鏡片
顯微鏡；(c)所繪製之細菌圖，其所使用的球菌、桿菌、螺旋
菌等名詞沿用至今。（ 本插圖取材自：**Microbiology, 3rd
ed., Prescott _et al_., 1996. Wm. C. Brown Publishers**授權轉
載）

動物如青蛙、蛇、鼠等生物都可由潮濕的泥土中生成，而蒼蠅則可從
腐肉中自然孵化而出。當時一位義大利醫生雷迪（ Francesco Radi,
1626～1697 ）不以為然。他將二個放有腐肉的瓶子，一瓶蓋上紗布、

一瓶暴露在空氣中，結果蓋有紗布的那瓶永不會生出蛆蟲及蒼蠅；以此實驗，他成功的證明了蒼蠅必須由母蠅產卵孵化而出，而不是自然發生的。但是那時的人們仍然相信微生物是可以自然發生的；尤其是一位當時有名的神父尼德漢（John Needham, 1713～1781）發現將煮過的肉汁倒入玻瓶後不久就會長滿微生物，而使得微生物是自然發生的說法得到堅強的支持。然而不久，另有一位義大利科學家史巴蘭札尼（Lazzaro Spallanzani, 1729～1799）卻持不同看法，他認為尼德漢的實驗不精確，因為短暫的煮沸並不足以殺死所有的微生物；於是他將肉汁煮沸達一小時之久，再小心的封瓶後，果真不會有微生物出現。可是爭論並未因此解決，因為尼德漢認為煮沸一小時及封閉瓶口會破壞肉汁中讓微生物生長所必須的「生命力」。因此，二種學說爭論不休，並無定論。而此爭論直到一百多年後才由偉大的微生物學家巴斯德（Louis Pasteur, 1822～1895）（圖2-3）的實驗得到定論。巴斯德用一鵝頸瓶（如圖2-4）裝上肉汁經由充分煮沸後，但並不封閉頸口，而微生物則始終不會出現；但將瓶內肉汁暴露於空氣中，則很快就會生出微生物。因此，證明空氣中漂浮的微生物才是使肉汁生出微生物的原因，而肉汁經充分煮沸滅菌後則不會自然生出微生物。此鵝頸瓶的實驗徹底推翻了自然發生說，也使得生物是否能自然發生的爭論終於塵埃落定。

## 三、微生物學的黃金時期

從西元1857～1914年的六十年期間，被稱為微生物學史上的「黃金時期」。因為在此期間許多著名的微生物學者諸如巴斯德、柯克

**圖 2-3** 巴斯德從事其著名的鵝頸瓶實驗。（本插圖取材自 Microbiology, Concepts and Applications, Pelczar *et al*., 1993. McGraw-Hill, Inc.授權轉載）

**圖2-4** 巴斯德用來推翻「自然發生說」所用的鵝頸瓶。（本插圖取材自 Microbiology, Concepts and Applications, Pelczar *et al*., 1993. McGraw-Hill, Inc.授權轉載）

（Robert Koch, 1843～1910）等人相繼的研究爲微生物學奠定了礎石，而使微生物學成爲一門眞正的「科學」。

西元1857年法國人巴斯德首先發難，他發現酒的釀造是由一種稱爲酵母菌的微生物經由發酵作用而製成的。接著他在1861年以其著名的鵝頸瓶實驗埋葬了「自然發生說」。數年後，他又發明巴氏低溫滅菌法，挽救了當時的法國釀酒業（此法目前仍被廣泛的應用於牛乳、啤酒、果汁等飲料的消毒上）。不旋踵，他又發現蠶病其實是由微生物寄生所造成的，他悉心的敎導蠶農如何篩選健康的幼蠶及去除病蠶，此舉也挽救了當時法國岌岌可危的蠶絲工業。爾後他又以其無窮的精力投入其他病原菌的研究。例如，他發現了鷄的霍亂病原菌並觀察到一些曾接種減毒病原菌的鷄，不會生病且產生免疫的保護效應，因而開創了另一門新的科學──「免疫學」。此外，巴斯德也成功的發展出家畜的炭疽病疫苗、狂犬病疫苗。綜其一生，巴斯德對微生物學的貢獻眞是舉世無雙；而事實上，上述的任何一項成就都足以使他留名靑史。巴斯德不愧爲微生物學上的一代宗師。

同時期，一位出道略晚於巴斯德的微生物學大師則是德國人柯克（圖2-5）。柯克原在東普魯士鄉下行醫，但他除了以醫術行世救人外，也對於當時許多不能醫治的傳染病感到沮喪並進而產生興趣，想要去研究並克服這些疾病。爲了分離出這些使人生病的病原菌，他以其聰穎過人的智慧發展出細菌純種培養技術；而這技術對微生物學的研究影響深遠。即使時至今日，微生物實驗室日常用的培養基、接種環以及無菌操作技術等，均是當時柯克所發明的。也由於純種培養技術的發明，微生物學的研究才眞正進入殿堂，並爲爾後一日千里的進

展奠下根基。而柯克另一項重大成就則是在其研究牛羊炭疽病時所提出的「柯克假說」。他以愼密的實驗自病畜體中分離出純種的致病菌，將之注射到健康的家畜上使之生病，並可重新自此得病的家畜上分離出原來的病菌；因此便可確認出此細菌確爲該病的致病菌（此即著名的「柯克假說」）。在此假說提出之前，人們對於某項傳染病的致病原因可說是衆說紛紜而爭論不休，但此假說卻可很明確及很快速的指出病原菌爲何。而在柯克假說提出後的短短三十年內，當時人類的細菌性傳染病病原菌幾乎都被成功的鑑定出來。此外，柯克也對肺結核、霍亂等重大疾病做出前無古人的研究貢獻；他在微生物學史上的地位是與巴斯德同樣不朽的。

　　而在此同時期，其他的一些微生物學家也相繼作出許多重要的成就。例如，李斯特（Joseph Lister, 1827～1912）於1864年提出以石碳酸噴灑消毒開刀房，成功的使開刀後細菌感染率大幅降低，而挽救了無數的生命；又例如梅塔尼可夫（Elie Metchnikoff, 1845～1916）於1908年發現白血球對細菌的吞噬作用，以及范貝林（Emil von Behring, 1854～1917）於1890年發現白喉病的血清治療法等。而更值得一提的是，另二位微生物學史上的大師貝林克（Martinus Beijerinck, 1851～1931）及威諾格拉斯基（Sergei Winogradsky, 1856～1953），也相繼的在環境微生物學上做出重大貢獻；他們發現了微生物在自然界中物質循環上（如氮、硫等）占有重要的地位，也分離出許多自營細菌；而他們的研究使人們對微生物學的研究焦點從醫學與食品的角度開始轉移到一般微生物與環境生態微生物上，大大的擴展了我們對微生物學的視野。

圖2-5 在實驗室工作的柯克，桌上擺滿了他所發明的微生物學實驗
器械。（本插圖取材自：Microbiology, 3rd ed., Prescott *et al*., 1996. Wm. C. Brown Publishers授權轉載）

## 四、化學治療法的奠基

當人們了解了許多傳染病是由病原菌所造成的之後，接下來的問題就是要找出能殺死這些病菌但又對宿主無害的治療藥物。以化學藥物來治療疾病的方法便稱爲「化學治療法」。化學治療法常用的藥物可區分爲二類，一類是所謂的合成化學藥物，另一類則是由微生物中製造出來的抗生素。

化學藥物事實上早在微生物發現之前即已被人類用來治療一些疾

病；例如，早在西元1495年，人們便嘗試用含汞的化合物來治療梅毒；哥倫布發現新大陸之前，南美洲的印地安人也以金雞納樹皮來治療瘧疾；而我國歷史上也記載神農嘗百草以求治病的良方。然而眞正以科學方法找出能抑制病菌而又對宿主無害的化學藥劑則始自艾利希（Paul Ehrlich, 1854～1915）。艾利希是一個德國醫生，他一直嘗試找出一種他稱之爲「魔術子彈」的殺菌藥劑。他非常有恆心的測試許多合成化合物，來觀察它們的醫療效果。經過無數次的失敗，終於在1909年於一個編號第606號的含砷化合物測試上，發現其具有效殺死梅毒螺旋菌且不會傷害宿主的特性；從此便開啓了化學治療的大門，而艾利希也被後人公認爲化學治療之父。而到了西元1932年的二次世界大戰期間，另一位德國醫生杜馬克（Gerhard Domagk, 1895～1964），則發現磺胺藥物能有效的抑制細菌生長，而使化學治療法進入一個新紀元。

　　與磺胺藥物發展的同時期，一位英國微生物學家佛萊明（Alexander Fleming, 1881～1955）於西元1928年發現一種叫作「靑黴菌」的眞菌可分泌出一種強力殺菌的抗生物質，他將之命名爲「盤尼西林」（亦有人將之譯爲靑黴素）。這是一個劃時代的重要發現，抗生素的發現不但挽救了無數的生命，同時也徹底改變了人類對抗細菌性傳染病的醫療史（有關抗生素的發現、原理與應用等，詳見本書第十四章〈杞人憂談抗生素〉）。

## 五、近代微生物學的發展

　　由於前述「黃金時期」及人們發展對抗病原微生物化學治療法的

過程中，許多微生物學上重大的發現，爲近代微生物學的研究鋪下了康莊大道，因此，近代微生物學的發展可用一日千里來形容。大致上，近代微生物學的發展可區分爲下述幾個方向：

1.免疫學——免疫學的研究最早可追溯至西元1798年，那時一位英國醫生金納（Edward Jenner, 1749～1823）根據中國人對抗天花而接種「人痘」的經驗，發明出一種安全性較高的「牛痘」疫苗。期間歷經巴斯德的發明炭疽病苗及狂犬病疫苗；范貝林的發現白喉毒素抗血清；艾利希對抗體形成的研究及追加注射觀念的提出；以迄於補體的發現、干擾素的發現、Rh因子的發現、過敏反應的研究等等，均使得免疫學成爲一門耀眼的學門。而時至今日，我們對於免疫學的原理與應用都有著驚人的長足進展。例如，由於天花疫苗的普遍接種，世界上自1977年以來已無任何一例天花的病例出現，世界衛生組織也正式宣告天花的絕跡；這是人類對抗傳染病上的一個重大勝利。目前我們在免疫學上面臨的另一大挑戰，大概就是愛滋病疫苗的研究與開發了。除了疫苗注射可以預防疾病外，免疫學在醫療業上的另一項重要貢獻則是病原微生物的檢驗。利用抗原與抗體的結合反應，許多疾病的病原都可以快速的於實驗室中檢驗出來，使醫生們能迅速對症下藥，挽救病人的生命。

2.病毒學——病毒的研究始於十九世紀末期，所謂的微生物學黃金時期，當時一位俄國的微生物學家伊凡諾斯基（Dmitri Iwanowski）首先發現烟草的鑲嵌病毒能穿透過過濾細菌的濾膜；而至1935年，史丹利（Wendell Stanley）則將此病毒純化結晶，使得後人得以將其結構研究清楚。爾後又陸續發現了噬菌體、動物病

毒、RNA病毒等，而1940年代發明的電子顯微鏡也使得人們可以首次「看見」病毒，對病毒的種種構造與特性有了更清晰的認識。由於病毒學的快速進展，方使得近代的分子生物學及生物科技亦有了長足的進步。

　　3.工業微生物學與環境微生物學——十九世紀以前人們對微生物學的研究大多著重在病原微生物及與食品有關的微生物。進入二十世紀後，貝林克與威諾格拉斯基二位大師則首開環境微生物學的濫觴；此後微生物在自然環境生態上的重要性亦逐漸受到重視，微生物學的研究領域亦不限於病原菌了。而繼承貝林克的微生物學者克萊佛（Albert Jan Kluyver, 1888～1956），則對細菌的生化反應、食品微生物學、瘤胃微生物學、分類學以及環境微生物的廣泛研究，將「普通微生物學」發陽光大，使之成為近代學院中的一門重要科學。此外，他和凡尼爾（Cornelis Bernardus van Niel, 1897～1985）對細菌光合作用的研究，和洪格特（Robert Edward Hungate, 1906～）對厭氧微生物的研究等，均大大的擴展了我們對環境微生物學的視野。而近代生物技術的發展，也使得利用微生物快速生長及發酵特性來生產特殊物質的工業微生物學日益重要。今日，在秉承前人的光輝研究成果之下，微生物學正方興未艾的蓬勃發展中，並將繼續對人類的福祉做出更多的貢獻。

　　4.分子生物學及生物科技——這是由研究微生物遺傳現象及DNA而發展出來的新學門。早期的遺傳學是以研究動植物為材料，但自從科學家對微生物遺傳現象有了了解之後，發覺微生物不但容易培養、基因不似動植物那麼複雜，而且其生活週期短，因此微生物成為研究

遺傳現象的最好材料。而自從科學家弄清楚DNA的結構與基因的調節控制後，如今我們已可以將人類的遺傳基因利用「基因重組」的技術將之剪下並置入細菌的DNA中；而當細菌生長時便可控制它們來生產人類的基因產品，例如：胰島素、生長激素等。這項基因重組技術已成為近代生物科技中最耀眼的一項成就，它不但加速了我們對生命奧祕探索的速度，同時也可製造出一些匪夷所思的菌種或生物；例如，會生產人類胰島素的細菌、會分泌含有人類凝血因子乳汁的牛羊甚至會發出螢光的植物等等。未來的二十一世紀將是生物科技的時代！

## 六、結語

當我們回顧與緬懷這些前人先賢在微生物學發展中所做出的貢獻時，我們可以深深體會出人類文明是如何開啟與傳承下來的。而這些微生物學家們為探求真理、解決人類困難過程中所秉持的決心與堅持更令人感懷，希望能藉此更激發我們向前人看齊及探索真理的決心。

# 第三章　無所不在的微生物

　　微生物在自然界的分佈是相當廣泛的，任何高等生物能生存的生態環境中均有微生物的存在；反之，許多不適合高等生物的生存環境（如高溫、低溫、無氧、高酸……等）也可見到許許多多微生物的踪跡。微生物也可生活在這些高等生物（宿主）的體表甚或其體內；有些可以造成宿主的疾病，但大多數的卻是與宿主共生，提供許多有益於宿主的功用。雖然這些微生物的體型微不足道，但是它們不但能適應各種生態環境中的物理、化學與生物條件，進行各種生理代謝，同時也因爲細胞的生化活動而大大的改變了周遭環境。所以微生物在自然界中的存在是與其生態環境有著密切的互動關係的。一般微生物的生長是受到各種環境因子的限制，例如：溫度的高低、氧氣的多寡、營養或能量的供應型態等等。因此，自然界各種不同生態環境中存在的微生物種類與數量也往往受到前述各種因子的影響。

## 一、土壤是微生物的樂土

　　土壤中最豐富的生命就是微生物了。一小茶匙的土壤中往往可含有數十億的微生物，與全世界人口數目相當；其中包括細菌、眞菌、藻類、原生動物與病毒。曾有科學家估計過一公頃田地表層十五公分的泥土中可含有0.5～4公噸的微生物量；這些微生物不僅數量龐大而且種類繁多。除此而外，土壤中亦含有豐富的植物根系、蚯蚓、線蟲

及昆蟲等；因此，土壤是一個非常複雜而多樣性的生態環境。

　　通常動物的排泄物及死亡的動植物體直接或間接進入土壤後，成為微生物的主要食物來源，而經由微生物的分解作用將之分解成各種小分子的無機化合物及礦物鹽類；這些物質可供植物吸收與利用，作為生長營養之所需；而植物又成為動物的食物，因此，土壤微生物是扮演了自然界中的「分解者」的角色，同時也聯繫了整個生物界與無生物界間的物質循環。而土壤中的微生物彼此之間也有著極複雜的相互關係，有的互相合作共生，如地衣是菌類與藻類的共生體；有的彼此互相競爭食物來源及生存空間；有的可分泌毒害或抑制其他微生物的物質以便獨享資源，例如放線菌的分泌抗生素；也有的更可直接捕食其他微生物，如原生動物的捕食細菌等。

　　通常土壤中的微生物常分佈在營養來源豐富的地方，例如，植物根系附近常因植物根會分泌有機物質而聚集大量微生物。隨著土壤深度的增加，有機營養逐漸稀少，且地熱逐漸升高，因此，微生物的數量與種類也因之遞減。不過即使如此，科學家仍能從深達數千公尺的地心探測樣品或礦坑樣品中分離出一些細菌，顯示這些細菌的生存力與適應力是相當強的。

## 二、水域中的微生物

　　水體中的微生物所扮演的角色與土壤中的微生物類似，但因有機營養的來源不如土壤中豐富，因此，其數量上比土壤中來得少些。此外，在日光能照射到的範圍內，也生長著許多可行光合作用的藻類與光合細菌，它們是水體中的主要「生產者」。一般而言，水域可區分

為淡水與海水二個環境；淡水包括河川、湖泊、池塘及水庫；而富含鹽類的海水則包括了海洋與封閉型內陸湖泊。通常海水中的微生物對鹽分有較高的需求及對溫度的變化較敏感。由於海洋微生物的培養比較不方便，因此，目前我們對海洋微生物的了解仍非常有限；例如，以現有的人工培養基只能培養出大約百分之一的海洋細菌。許多在顯微鏡下活生生的微生物往往無法加以分離及純種培養，更遑論研究它們的特性了。

近來因致病細菌對許多抗生素產生了「抗藥性」，傳統上由陸生微生物所生產的抗生素已逐漸無法有效的遏阻一些致病細菌的感染，因此，廣大尚未充分開發的海洋微生物，便成了人們開發新抗生素的希望所冀。世界上許多先進國家均紛紛成立海洋生物技術相關的研究單位，企圖從海洋微生物中找到一些新的抗生素，甚或抗癌藥物。

除了前述的自然界水域外，微生物也在另一種人為的污水中扮演了極重要的角色。許多污水處理廠都是利用微生物的分解能力，將一些工業、農業或家庭排放之污水中的有害污染物或有機污染物分解成無機鹽類及一些污染性較低的物質，然後再排放到大自然中，以減低人為污染對自然生態的毒害。

## 三、空氣是許多微生物散佈的媒介

基本上，微生物在空氣中並不能生長與繁殖。但是許多微生物可懸浮存在空氣中一段時間，並藉由空氣作為它們散佈的媒介。例如，一些病原微生物能直接藉由咳嗽或打噴嚏而噴出的飛沫來傳染到下一位宿主（如圖3-1）；而更多的情況之下，微生物則以乾燥的懸浮塵

粒在空中漂浮，一旦落入適當的環境下（例如食物、果汁）便可恢復
生機，而大量繁殖與生長了。此外，一些微生物則可形成耐乾旱的孢
子，增加它們在空氣中的存活能力，而達到散布更廣泛的目的。

圖3-1　空氣是許多微生物散佈的媒介（葉心玫繪圖）。

## 四、特殊生態環境中的微生物

　　除了我們人類通常活動的空間中充滿了各式各樣的微生物外，其
他一些不適合人類生活的特殊生態環境下亦充滿了各種微生物。例
如，(1)高溫溫泉：在一些高達沸點的溫泉中，仍然可以發現許多嗜高
溫的細菌或藍綠細菌生存於其中，它們只能生存於高溫的環境之下，
如將之置於室溫之下，卻反而停止生長甚或死亡呢！(2)深海海底：深
海海底的溫度極低（常低於攝氏零度以下）且壓力極高（可達1000大

氣壓以上），而在此環境之下仍然可以發現到許多嗜低溫、耐高壓的微生物；同樣的，如將其置於一般實驗室常溫常壓的環境之下，這些微生物通常會停止生長或死亡。(3)無氧污泥：在許多沼澤及湖泊下層的污泥中是一個完全沒有氧氣的環境，在這些污泥中生活著許多不需要氧氣的厭氧細菌，其中的一些種類尚能製造及釋放出甲烷（沼氣）來，這就是中國古書中所謂的「瘴癘之氣」。目前一些污水處理廠之厭氧廢污水處理槽便是利用此類細菌進行厭氧廢水處理，而產生的甲烷則可回收作為能源。未來人類面臨能源短缺時，這些甲烷產生菌是解決能源危機的極佳選擇喔！(4)細胞內共生菌：許多細菌可共生在一些高等生物的細胞內，與宿主細胞形成「胞內共生」（endosymbiosis）的關係。它們的代謝作用提供了宿主的特殊營養需求或生理功能，例如許多昆蟲、植物、真菌及原生動物的細胞內便共生著此類細菌，而宿主則提供了一個安定的環境供它們生長。(5)海底火山口：在一些海底火山口附近發現了許多可利用硫化物而生存的細菌，這些細菌藉著氧化火山口噴出的硫化物而獲取生長所需的能量，它們是一種不需有機營養的「自營菌」。這些自營菌是海底火山口生態系的「生產者」，它們可生產有機物提供此生態系的食物來源。而這些自營菌可以耐受海底的高壓（可高達1000大氣壓）與火山口的高溫（可高達攝氏135度），是地球上已知的生物生長最高溫極限。除了前述的這幾個特殊生態環境外，事實上在地球的任何角落幾乎都能找到微生物的存在；諸如南北極的冰層下、深層地質礦坑、各種高等生物體內、乃至於核子潛艇的熱水排放管。因此，這些肉眼看不到的微生物才是統治地球的真正主人！

## 五、侏儸紀公園細菌的復甦

　　1995年5月19日一篇刊登在出版於美國的《科學》（Science）期刊上的文章震驚了全世界，它的標題是「二千五百萬年至四千萬年前多明尼加古老琥珀中細菌孢子的復甦與鑑定」。這是二位服務於美國加州州立綜合技術大學的坎諾教授及其同事柏如齊，從遠古的琥珀中分離出保存在其內的細菌孢子，並成功的將之活化與培養出來，這也是人類有史以來所能找到「活得最久」的生物。其來龍去脈是這樣的：遠在二千五百萬年至四千萬年之間的某一天，一隻蜜蜂停在一棵針葉樹幹上，不幸被流出的樹脂所包覆住（對科學家而言可真是太幸運了）；而此被樹脂封埋的蜜蜂隨著硬化後的樹脂一同被埋入地層內，經過千萬年時間的歷練，逐漸形成了現今見到的琥珀。坎諾等人得到此琥珀後，異想天開的想試試看是否能從此蜜蜂身上分離出一些當時與蜜蜂共生的細菌。他們先用化學藥品將此琥珀表面徹底消毒以避免污染，再將此琥珀壓裂，小心的以無菌操作技術自蜜蜂的腸內取出一些樣品，放入一般富含營養的細菌培養基內；經過數日的培養，竟然繁殖出一種會產生孢子的細菌。他們以各種生化反應及RNA序列比對，證實此細菌是一種與今日蜜蜂身上常見到的圓孢子好氣桿菌（ *Bacillus sphaericus* ）親緣關係極接近的一種細菌。事實上，此項實驗早在1991年即已完成，但因其結果實在太具震撼性了，因此，坎諾教授非常慎重的多次實驗，期間正值電影「侏儸紀公園」的上映（故事中亦自琥珀抽取恐龍DNA，並用以重造活生生的恐龍），終於在確認無誤之後，才於1995年發表此項結果。果如其然，此項成果

立刻引起了全球的矚目，也掀起了一股琥珀蒐集與研究的熱潮。這株高齡達數千萬年的細菌到底是如何度過這麼長的休眠期？是什麼因素使它從休眠狀態又能復甦？原來，此細菌會形成一種極具耐性的內孢子（endospore）；這種內孢子的含水量非常低，同時也具有特別厚的孢子壁，對於環境中的逆境具有特殊的抵抗性，它們可以耐乾旱、化學藥物、輻射線、高溫等等，在適當的條件下又可以萌發而恢復生機，是一些細菌度過不良環境的工具。那麼在我們地球上到底還有多少類似的生命蟄伏於不同的生態環境中？如果我們將之一一喚醒，又會對我們現今的生態環境帶來哪些影響或衝擊？這些都是頗值得我們深思的問題。

## 六、火星上可能有生物嗎？

「光合細菌」不需要任何有機養分，只需供給光線與無機鹽類便可生長與繁殖；而一些「化合自營細菌」則能從氧化無機鹽類中得到生長所需的能量，它們連光線都不需要！一些嗜高溫細菌能生活在幾達沸點的溫泉中，而一些嗜低溫菌則可生活在冰點以下；深海細菌可存活在高達1000大氣壓之下；有些細菌可生活在高酸性（pH值小於1）或高鹼性（pH質大於12）的環境下；而也有的細菌可以耐高度的輻射線或乾旱、飢餓的狀態達數百年甚或千萬年之久。因此，在地球上除了地心岩漿外的任何角落，幾乎均有微生物的踪跡。但是火星上呢？

根據我們目前的瞭解，火星上雖然也有水分，但溫度則在冰點以下，尚未發現任何液態水的存在；同時其地表也經常受到高度的輻

射。因此，以地球的環境來比較，火星上的生存條件是非常艱困的。但是這應該難不倒前述的一些微生物。因此，1977年美國海盜號太空船探測火星時，曾放下二艘「無菌」的探測登陸艇，以避免火星被地球的微生物所「污染」。而當時的探測結果並未發現任何類似地球上的「生命」或「生命跡象」。

儘管如此，一些科學家並未放棄在火星上尋找生命的努力。1996年8月，美國航太總署（NASA）詹森太空中心的幾位科學家在《科學》期刊上發表了一篇驚人的報告，他們宣稱在一塊掉落於南極洲的火星殞石上，發現了類似地球細菌的化石與活動跡象。他們所持的主要證據是：(1)此殞石上存有一種多環芳香族碳氫化物（polycyclic aromatic hydrocarbons, PAHs）；此種有機物可為地質形成時自然產生或是生物活動後產生。他們經過分析與化驗顯示此PAHs的形成年齡比石塊的地質年齡晚，因此很可能是後來生物活動的遺跡。(2)以電子顯微鏡觀察到類似地球細菌形狀的碳化顆粒，且其中含有磁鐵及硫化鐵的小粒子，此與地球上一些會形成磁石的細菌類似。(3)該殞石的地質形成溫度高達攝氏700度，但觀察到的磁鐵及硫化鐵粒子卻可能在攝氏0度～80度形成，吻合生物形成的條件。(4)觀察到的磁鐵含有三價鐵離子，是經由氧化作用而來；而硫化鐵的形成則是經由還原作用而來；而此二種粒子的同時存在，顯示很可能是生物性的氧化還原活動所造成的。

當然，前述幾項證據都是一些「間接證據」或推測，因此，並未被所有的科學家全然接受，同時也引起許多不同看法的爭論。例如，有人認為原作者所宣稱的類似細菌碳化顆粒化石比地球一般細菌要小

一百倍，因此，尚不能武斷的認定那就是細菌化石；也有人認爲在許多其他殞石上也廣泛的發現到PAHs的存在，目前的證據還不足以判定就是生物活動的結果，且PAHs的形成理論爭議很大，似乎不宜太早下斷語。雖然目前科學界對火星上是否有生物或曾經有過生物仍有爭論，但美國與俄國均已決定將擴大對火星的探測。例如，美國已於1997年七月四日以一艘遙控的無人探測器登陸火星，目前正在蒐集及分析火星土壤樣品，尋找各種生物或生命跡象，在不久的將來我們一定會對此問題有一些更具體的證據與結論。

## 七、結語

地球上微生物的適應性極大，任何匪夷所思的環境中都可發現它們的踪跡；即使一些太陽系其他行星或衛星的環境，也難不倒某些具特殊適應能力的微生物，但關鍵在於這些地球以外的星球是否具備或曾經有過生物形成所需的條件或是曾被地球微生物所「污染」。但以科學的角度來看，任何一個星球所形成的最初生命應該是類似地球微生物的生命型態，一如地球生命的演化史。時至今日，地球的生命經過數十億年的演化，已發展出各種繁複的不同生物，且地球的環境也起了很大的變化；但無庸置疑的是，微生物仍是地球上分佈最廣泛且最豐富的生命體，我們可以說地球是微生物的世界，它們才是地球的真正主人！

（本文原刊載於《科學月刊》第二十八卷第三期，並被轉載於《時事文摘》第三十三期；民國八十七年三月重新修訂）

# 第四章　人體上的微生物

　　李老先生是一位住院病人，醫生開了一種抗生素給他服用。幾天後，他突然覺得腹部絞痛、出現下痢，同時也開始發高燒，經緊急送入加護病房，在醫師的診療下，證實他患了一種「偽膜性結腸炎」（pseudomembranous colitis）。在施以泛古黴素（另一種抗生素）治療後，終於逐漸復原，但已元氣大傷了。李老先生是典型「抗生素相關結腸炎」的受害者之一。原來我們腸道中住滿了許多各式各樣的微生物；在正常的情況下與宿主共生，被稱為「正常菌叢」（normal flora）。這些正常菌叢彼此各安其所、相安無事。但是在李老先生第一次服用抗生素時，腸道中的微生物生態起了變化；由於許多正常細菌被大量殺死或被抑制生長，因此，使得其中一株很少見的梭孢子桿菌（*Clostridium difficile*）有了滋生的機會。此菌會分泌二種毒素，造成腸壁細胞死亡及組織液滲出，因而導致下痢及發高燒；而凝集的組織液於結腸表面形成一淡黃色且厚重的膜狀物，故被稱為「偽膜性結腸炎」。如無適當治療，其死亡率可高達20%。幸運的是，李老先生的醫師及時作出正確診斷，並施以恰當的泛古黴素治療，方挽回了他的生命。

## 一、捍衛人體的正常菌叢

　　在前一章我們曾談過微生物的適應性很大而無所不在，因此，我

們人體上（內）也寄居著許多的微生物就不足爲奇了。這些微生物大多數爲細菌，少數是酵母菌、眞菌及一些原生動物。它們平時存在於人體的各個部位，對宿主並無妨礙，因此被稱爲「正常菌叢」。這些正常菌叢在絕大多數的情況下對宿主是有益的：(1)它們可以協助宿主抵抗病原菌的侵襲。通常外來的病原菌很難與人體上的正常菌叢去競爭生存空間與營養，只有當正常菌叢遭受到破壞時，才給予這些病原菌可乘之機；前述李老先生之感染僞膜性結腸炎便是一個例子。(2)它們可以刺激宿主免疫系統的健全發展。這些正常菌叢的表面抗原蛋白可經常持續的刺激我們身體免疫系統處於激發與活化的狀態，使我們能在面對外來微生物侵襲時，快速的產生防衛作用。(3)腸道中的一些正常菌叢具有幫助消化食物及提供維他命的功用。這些腸道菌可以分泌一些酵素協助宿主分解食物，以利於消化與吸收；例如，反芻動物之所以能消化草食中的纖維素，大多是得助於這些腸道菌；此外，一些腸道正常菌叢也可以合成大量維他命（如維他命K及維他命B），提供宿主吸收與利用，因此對宿主的營養與健康有極大助益。

## 二、正常菌叢的特性

正常菌叢之所以能在宿主身上的特定部位建立基地並生活下去，是因爲這些微生物具備了一些能配合宿主各部位環境的特性與本領，因此，才能成爲某一部位的正常菌叢。(1)附著力強——能利用表面蛋白質、多醣類分泌物及一些特殊構造（例如菌毛）來與宿主細胞的表面受體結合，因此，能緊密的附著在宿主細胞表面而不會脫落或被沖刷掉。(2)分泌抗生性物質——許多正常菌叢微生物能分泌一些抑

制其他微生物生長的抗生性物質，例如，抗生素及有機酸等；這些物質能殺死或抑制其他微生物，因此，有利於自身的生長與繁殖。(3)專一性——正常菌叢通常對宿主的特定部位具有專一性，它們常出現在宿主的某一或某些部位；例如，涎鏈球菌（*Streptococcus salivarius*）通常出現在我們的舌頭上，而同為口腔鏈球菌的變異鏈球菌（*Streptococcus mutans*）則只出現在牙齒表面上。然而也有少數微生物則可同時出現在身體上的許多部位，例如，白色念珠酵母菌（*Candida albicans*）就是一種在人類口腔、消化道、呼吸道與陰道中常見到的正常菌叢微生物。(4)受環境變遷影響——如同其他生態系的微生物，當宿主身上某一部位的環境有所變化時，其上正常菌叢的組成與數量亦會隨之變遷；例如：宿主的年齡、性別、健康狀況、吃的食物種類、服用的藥物，甚至刷牙前後、洗手與否等都會影響其身上的正常菌叢。

## 三、伺機性病原菌（Opportunistic pathogens）

　　一些平時是人體上的正常菌叢微生物，在宿主健康的情況下因受到其他正常菌叢的壓抑能與宿主和平共存；但是偶而在宿主免疫力減弱時（例如，糖尿病人、白血病患及愛滋病患……）或是宿主正常菌叢遭受破壞時（例如，長期服用抗生素或使用殺菌性漱口水……）便有了可乘之機，它們能伺機而起造成宿主的感染與生病，因此稱之為「伺機性病原菌」。例如，白色念珠酵母菌是一種在人類口腔、消化道、呼吸道及陰道中常見的酵母菌（圖4-1）；當宿主長期使用漱口水或服用抗生素時，都會造成口腔與消化道中微生物生態的改變。

許多正常菌叢微生物遭到殺死或抑制，而使得白色念珠酵母菌有機會大量繁殖而造成腔道表層及黏膜的感染，是人類伺機性感染的重要病原之一。例如「鵝口瘡」即是白色念珠酵母菌所造成的口腔感染，常於舌面上產生白色斑塊；此症通常發生於幼童，但當幼童長大並逐漸建立其口腔正常菌叢後，此症便很少再發生了。再例如本章一開始所舉的李老先生感染偽膜性結腸炎的例子，也是正常菌叢遭受破壞後的伺機性感染。這些例子都說明了正常菌叢在捍衛宿主使其免於受到感染侵襲上所佔的重要性。而這也是為什麼我們應該遵照醫生的處方，才能服用抗生素或灌洗陰道的原因了。

## 四、健康成人身體上的正常菌叢

　　微生物通常分佈在人體上的皮膚、口腔、鼻咽、眼、耳、消化道、上呼吸道及生殖泌尿道前端等部位。隨著各部位物理與化學特性的不同，其上生長的微生物菌叢種類與數量也大為不同。

　　1.皮膚——皮膚上具有毛髮、汗腺及皮脂線；基本上，微生物無法穿透皮膚侵襲內部組織，因此皮膚常被稱為「人體的第一道防線」。一般而言，皮膚表面並不是一個適合微生物生長的環境，主要的原因是：(1)乾燥：大多數的皮膚表層對微生物而言是太乾燥了些，水分的缺乏限制了許多微生物的生長，但仍有一些耐乾旱的微生物可在皮膚上生存；而一些較潮濕的部位，如腋窩、腳趾縫所含的微生物數量往往比其他部位多100～10000倍。(2)酸度：皮膚表面的酸度常介於pH3～5之間，為酸性狀態。這是由於一些微生物在其上生長並分泌如乳酸之類的有機酸及皮脂線亦會分泌有機酸所致。(3)殺菌物質：

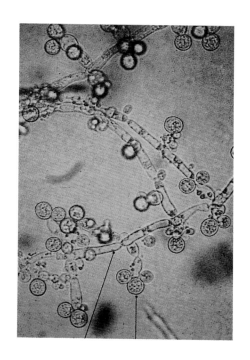

**圖4-1** 白色念珠酵母菌是人體上常見的伺機性病原菌，常會造成身
　　　　體各部位的感染，是個麻煩製造者（本插圖取材自：**Micro-
　　　　biology, Concepts and Applications, Pelczar** *et al*.**, 1993.
　　　　McGraw-Hill, Inc.授權轉載**）。

皮脂線會分泌具有殺菌性的有機酸，而汗中亦含有破壞細菌細胞壁的
溶菌酵素（lysozyme），這些物質可以抑制許多微生物的生長與繁
殖。(4)滲透壓：汗液中含有鹽分，當水分蒸發後，皮膚表面常累積高
濃度的鹽類，造成滲透壓升高，可以抑制一些微生物的滋生。然而，

即使有如此多不利於生長的因素，仍然有許多微生物能在皮膚上生長而形成菌叢。這些微生物大多為較耐乾旱與鹽度的革蘭氏陽性細菌，如葡萄球菌（*Staphylococcus*）、微球菌（*Micrococcus*）、棒狀桿菌（*Corynebacterium*）、丙酸菌（*Propionibacterium*）等，以及一些酵母菌。

　　2.眼——眼角膜及結膜處經常有淚水沖刷，而淚液中也含有殺菌的溶菌酵素，因此，眼部的微生物含量並不高。通常見到的正常菌叢以細菌為多，如葡萄狀球菌、棒狀桿菌、鏈球菌、奈瑟氏菌（*Neisseria*）等。

　　3.呼吸道——空氣中含有懸浮的微生物，每次呼吸都會吸入一些微生物；當空氣通過呼吸道時，壁上的纖毛及黏膜可以將它們攔截下來，並藉著規律的纖毛擺動將之排除到口腔或鼻腔。因此，肺內及呼吸道後部基本上是無菌的，呼吸道的正常微生物菌叢通常只見之於上呼吸道。這些微生物具有強力的附著力，它們包括了葡萄狀球菌、鏈球菌、棒狀桿菌、微球菌……等；其中的一些菌種是屬於伺機性病原菌，在宿主身體抵抗力減弱時可造成感染而致病。

　　4.口腔——由於口腔非常潮濕、接近體溫並經常接受不同特性的食物，因此，其中的微生物非常豐富。此外，其中的氧氣分佈亦極富變化，包括舌面與齒面的多氧環境、舌下與齒頰的微氧環境乃至於齒齦的完全無氧環境，因此，口腔是一個環境非常複雜的生態系。有些微生物性喜在氧氣充足的舌頭上或牙齒表面上生長，有些則偏好暗無天日又缺氧氣的牙齦；因此，口腔內的微生物生態系有如一個微生物的「熱帶雨林」。根據估計，一個成人口腔內的微生物總量可超過全

世界的人口數。這些正常微生物菌叢有抑制雜菌生長，保護口腔免受感染的功效；但也有些則會形成牙斑（圖4-2），造成蛀牙及牙週病；也有些會產生異味氣體，造成口臭。口腔內的生態平衡也是經常有所改變的，每一次吃東西、漱口、服藥甚至吞口水都會導致一些口腔菌叢的改變。目前已知口腔中有多達四百種以上的微生物，是人身體上微生物相當活躍的地方。

圖4-2　牙齒表面上的牙斑菌叢，長滿了各式各樣的細菌。這些細菌中，有些會分泌酸性物質，腐蝕牙齒琺瑯質，造成蛀牙。（本插圖取材自：Microbiology, Concepts and Applications, Pelczar *et al*., 1993. McGraw-Hill, Inc.授權轉載）

5.胃——雖然由口腔吞食而來的微生物源源不斷進入胃部，但由於胃內經常分泌胃酸及消化液，因此微生物大幅減少，只有一些耐酸的乳酸菌、幽門彎曲桿菌及白色念珠酵母菌可以生存下來。胃也是人體上的重要防線之一，許多隨食物而進入消化道的微生物無法順利通過它；許多致病細菌也無法耐過胃中的酸性環境而命喪於此。

6.小腸——由胃而下的小腸微生物生態系會隨著部位的不同而有所差異。十二指腸因受到胃酸及膽汁的影響，其中多爲革蘭氏陽性球菌與桿菌；其下的空腸則出現亦爲革蘭氏陽性的腸鏈球菌、乳酸菌、少數的棒狀桿菌，以及一些白色念珠酵母菌；而小腸後部的迴腸中，其微生物菌叢則開始類似大腸，出現一些革蘭氏陰性菌，如厭氧性的類桿菌（*Bacteroides*）及兼性厭氧的大腸桿菌（*Escherichia coli*）且逐漸成爲優勢菌種。事實上，我們消化道內的微生物菌叢並不是一成不變的，常會隨著攝食食物種類的不同，而有所改變；例如嬰兒時吃食母乳，因此腸道內常出現一種雙叉桿菌（圖4-3），它們可以幫助嬰兒免受一些腹瀉細菌的感染，此菌在一歲多斷乳後逐漸消失，而代之以正常成人菌叢。又例如素食者與慣食肉類者，其腸道內的微生物菌叢種類與數量上也會有所差異。

7.大腸——大腸是人體上微生物數量最多的部位，自大腸中分離培養出來的微生物已超過三百種；平時我們排出的糞便中，有百分之六十的乾重是由微生物所組成的，因此，每日經由糞便排出的微生物可高達數十兆個！大腸是一個無氧的環境，其中的微生物均能進行不需要氧氣的代謝作用與生長繁殖。其中以絕對厭氧的類桿菌及細梭菌（*Fusobacterium*）占了最大多數，其他如雙叉桿菌（*Bifido-*

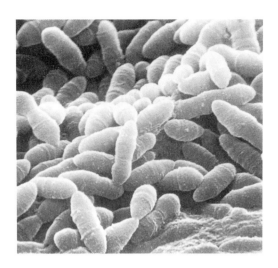

圖4-3　食用母乳的幼兒，其腸中出現的雙叉桿菌；它們可保護幼兒
　　　　腸道不受腹瀉細菌的感染。（本插圖取材自Canadian
　　　　Journal of Microbiology, Bauer *et al*., 1975. Nestle
　　　　Research Center, Nestec Ltd.授權轉載）

*bacterium*）、真細菌（*Eubacterium*）、乳酸菌（*Lactobacillus*）
及產氣莢膜桿菌（*Clostridium perfringens*）等厭氧菌也占了相當的
數量。另有一些兼性厭氧細菌，如大腸桿菌、變形桿菌
（*Proteus*）、克雷白菌（*Klebsiella*）及腸桿菌（*Enterobacter*）等
約占了全部菌數的百分之一左右。此外亦可發現一些厭氧性的鏈球菌
與白色念珠酵母菌。除此而外，一些厭氧生長的原生動物亦可在大腸
中發現，它們以吞食細菌維生，通常並不會對宿主造成傷害。

　　8.生殖泌尿道──一個健康的人，其腎臟、輸尿管、膀胱及尿道

上部是無菌的；但在尿道下部接近出口處則可見到一些葡萄球菌、鏈球菌及棒狀桿菌等革蘭氏陽性菌。偶而也可分離出些許的革蘭氏陰性菌，如大腸桿菌、奈瑟氏菌等。由於尿道經常受到尿液的強力沖刷，因此，這些細菌都必須具有較強的附著能力。女性成人的陰道亦具有非常特殊的微生物菌叢，通常最多的是一些耐酸性的乳酸菌，它們可以將陰道分泌的肝糖代謝成乳酸，而使陰道呈現出酸性（pH值約4.4～4.6），此酸性的環境抑制了大多數雜菌的生長，具有保護宿主免受感染的功能。而其他一些耐酸性及厭氧的細菌與酵母菌亦可在陰道中生長。

## 五、你儂我儂，天長地久

　　微生物正常菌叢是我們身體的一部分，它們可以幫助我們抵抗病原菌的侵襲、健全我們的免疫力，甚至提供維他命等營養供我們吸收與利用。它們與宿主間建立了互相依存的關係，是我們終生的親密伴侶。但是它們也會隨著環境的改變而產生變化，例如宿主的健康狀態、飲食習慣、服藥、使用殺菌性清潔劑……等等，均會造成正常菌叢的變遷。如果正常菌叢遭受較大的破壞，就給予一些伺機性病原菌的可乘之機，造成宿主的感染而發病。所以保持固定且良好的生活習慣，是與這些微生物朋友相處及確保自身健康的最佳之道。

（本文原刊於《科學月刊》第二十八卷第十一期，民國八十七年三月修訂）

# 第五章　微生物的營養方式

　　由於細胞的生長必須要有原料與能量的供應，而維持細胞的日常代謝也要耗費營養物質與能量，因此，微生物必須不斷地自周遭環境中攝取營養物質與能量才能生長與繁殖。此外，環境中的一些因子如溫度、氧氣濃度、酸鹼度等也會影響微生物的生理現象與生長。本章則就微生物的營養方式、營養需求種類及環境因子，如何影響它們的生長與繁殖作一介紹。

## 一、微生物的營養方式

　　碳是構成所有「有機物質」的基本元素；因此，根據生物對「碳源」的需求，通常將生物分成「自營生物」與「異營生物」二大類。所謂的自營生物，是此類生物能從周圍環境中攝取無機的二氧化碳，並在其體內將之固定轉化成為有機碳，用來構築其細胞與繁殖；因為這些有機碳是自己製造的，不假外求，因此稱之為「自營」。相對的，異營生物指的是不能自己固定二氧化碳，而必須自外界攝取有機碳化合物的生物。例如，可行光合作用的藻類及綠色植物屬於前者；而如人類、動物、真菌等生物則屬於後者。再以生物對「能量來源」的需求方式而言，有的生物可以捕捉光能來作為其代謝與生長的動力來源，稱之為「光合生物」；而有的生物則只能利用化學反應所產生的化學能，則稱之為「化合生物」。

　　由前述生物對碳源與能源需求方式的不同，生物學家常將此二者合併使用，用來描述一個生物的營養方式。因此，一般可以將生物的營養方式區分為下列四種方式（本文則以微生物為例加以說明）：

　　1.光合自營生物——此類生物可以捕捉光能，並利用此能量將二氧化碳固定，製造有機化合物，亦即一般通稱的「光合作用」。微生物中的藻類、藍綠細菌、紫色光合細菌以及綠色光合細菌，均是以此種方式來獲取其生長於繁殖的營養。因為要捕捉光能來進行光合作用，因此，這些生物均具有各種不同顏色的光合色素；它們是生態界中主要的生產者。其中厭氧生長的紫色與綠色光合細菌，在進行光合作用時不會產生氧氣（圖5-1），與一般常見的綠色植物不同。

光合細菌

**圖5-1**　可以進行光合作用的光合細菌；與綠色植物不同處是，它們不會釋放出氧氣，通常是屬於厭氧的微生物。（葉心玫繪）

2.化合自營生物──此類生物可以氧化一些無機物質，例如鐵、氮及硫化物等，而在氧化的過程中捕捉所釋放出來的化學能量；它們便利用此化學能進行二氧化碳的固定。此反應與前述的光合作用類似，只不過所利用的能量不是光能而是化學能。許多自然界中的細菌，例如，土壤中的硝化細菌、金屬氧化細菌均以此類的營養方式來謀生；它們也是生態界中的生產者。值得一提的是，在一些深海海底火山口處，一些化合自營的硫化物氧化菌，成為該區域生態系的主要生產者，它們所生產的有機物質是其他異營生物的主要食物來源。

3.光合異營生物──一些遭受有機污染的湖泊或河川中，常存在著一些可以行光合作用的紫色細菌及綠色細菌。它們可以利用日光進行光合作用，不過所用的原料不是二氧化碳，而是一些分子比較簡單的有機碳化合物。這些耐污染的光合細菌是厭氧生物，同時在進行光合作用的過程中也不會產生氧氣。它們常分佈在湖泊中陽光照射得到而又缺氧的中下層。

4.化合異營生物──此類生物不能行光合作用，也不能利用無機碳，而必須以直接攝取有機物質為食物的方式來營生。所有的動物（包括人類）、真菌以及大多數細菌都是化合異營的生物。它們必須自外界攝取有機物質，並利用這些有機物構築細胞來生長或將之分解產生能量以進行生理代謝作用；一旦停止供應有機物質，此類生物的生長便會停止甚或死亡。

## 二、微生物的生長需要哪些物質？

微生物的細胞中95％以上的成分是由少數幾種主要元素所構成：

碳、氫、氧、氮、硫、磷、鉀、鈣、鎂、鐵等。由於這些元素的需求量較高，因此常稱爲「巨量元素」或「巨量營養成分」。前六者（碳、氫、氧、氮、硫、磷）可構成細胞中的碳水化合物、蛋白質、脂質及核酸；其餘四者則以陽離子的方式存在於細胞中，並分別在不同的生理反應中擔任不可缺少的角色。例如，鉀離子與鈣離子是許多酵素反應中必須的離子，且鈣離子亦是細菌形成耐熱內孢子時所必須的元素。鎂離子是一些酵素發揮活性時必備的「輔因子」，它亦能安定核醣體及細胞膜。鐵離子則是微生物進行呼吸作用中酵素的輔因子，能傳遞電子。

除了上述的巨量元素外，微生物也需要一些「微量元素」或稱「微量營養」，這包括了錳、鋅、鈷、鉬、鎳、及銅等。微生物對它們的需求量雖然不大，但也是不可缺少的。這些微量元素通常是一些酵素的成分之一或是擔任輔因子，它們可協助酵素發揮催化反應，也可以安定一些蛋白質的結構。

微生物常因其種類的不同而有其特殊的營養需求。例如，矽藻爲了構築其矽質外殼，因此生長時必須吸收大量的矽酸；一些海洋細菌及嗜鹽細菌則需要多量的鈉離子以維持其細胞內的正常滲透壓。而也有些微生物在生長過程中需要特殊的「生長因子」才能良好生長；這些生長因子通常是一些維他命、氨基酸或核酸類的分子，用來做爲酵素的輔因子或合成蛋白質與核酸所需。其他如一些致病細菌需要血紅素、黴漿菌需要膽固醇等等，不勝枚舉。

## 三、影響微生物生長的環境因子

　　微生物的生長受到環境中的物理及化學因素的影響極大，了解這些因子如何影響微生物的生長，有助於我們管制微生物及明瞭微生物在自然界中分佈的情形。

### 1.水分與滲透壓——

　　微生物的細胞膜是選擇性半透膜，細胞內外滲透壓不同時會導致水分的移入或移出。當細胞置於「高張溶液」時（溶液中溶有較多的溶質，滲透壓比細胞內高，例如鹽水與糖水），水分會從細胞中流出，導致細胞的萎縮，微生物的生長則會受到限制。例如，以大量鹽或糖醃漬食品，可以防止微生物的繁殖，具有保存食品的功效；而當細胞置於「低張溶液」時（滲透壓低於細胞內，例如蒸餾水），水分又會向細胞內擴散，使細胞膨脹。由於多數藻類、真菌及細菌具有一堅硬的細胞壁，因此，細胞可以大致維持其形狀而不會漲破；但如原生動物的細胞因無細胞壁，則必須具備特殊構造將不斷滲入的水分排出，否則細胞將因不斷膨脹而破裂。

　　自然界中也有許多微生物具有「耐滲透壓」甚至「嗜滲透壓」的本領。這些微生物常見之於鹽度極高的水域中，例如，以色列與約旦間的死海、猶他州的大鹽湖以及一般的鹽田中。這些水中含有高濃度的鹽分，滲透壓極大，一般的生物無法在此環境下生存，但這些耐鹽或嗜鹽的微生物卻可於其中正常生長與繁殖。由於嗜鹽生物在演化上發展出必須在高滲透壓下方能生長的適應性，因此，也限制了它們的分佈。如將嗜鹽微生物置入一般的海水或淡水中，其細胞會因外界水

分的不斷滲入而脹破死亡。

## 2.pH質（酸鹼度）——

　　大多數的微生物偏好在中性的環境下生長，過酸或過鹼都會抑制其生長。但是也有些微生物是所謂的「嗜酸生物」或「嗜鹼生物」，它們可在酸性或鹼性的環境中生長。例如，乳酸菌、醋酸菌偏好酸性的環境，而造成人類胃潰瘍的幽門螺旋菌，則可在胃酸中存活；此外也有一些酸性溫泉中的細菌可耐酸達到pH1～2左右，而一些嗜鹼微生物則可生活在pH10以上。

## 3.溫度——

　　微生物依其對溫度的愛好可分為「嗜低溫生物」、「嗜中溫生物」及「嗜高溫生物」（圖5-2）。我們人類活動的環境中以嗜中溫微生物最多，包括所有的人類共生菌及致病菌。嗜低溫微生物常可在0℃～20℃之間生長，例如，從南北極或深海中分離出的微生物大多屬於此類生物。而嗜高溫生物則通常生存在溫泉中或海底火山口附近，它們通常需要至少在45℃以上的環境才能生長；某些種類甚至可在接近100℃的溫泉中生活。目前所知的最高溫度紀錄是生活在海底火山口的一些硫化細菌，它們可耐高達135℃的溫度！這些嗜高溫生物在如此高溫下是如何保護它們的蛋白質不會變性，一直是科學家們所深感興趣並在積極探討研究的題目。值得注意的是，許多嗜中溫生物也具備了「耐高溫」或「耐低溫」的本領，這些微生物能逃過一般食物的加熱處理或是在冰箱中存活，是敗壞食品的麻煩製造者。

## 4.氧氣濃度——

　　大多數的藻類、真菌以及原生動物都是好氧性的生物；但細菌的

圖5-2 微生物生長時對溫度的需求很不相同。(葉心玫繪)

差異性則極大。細菌依其對氧氣的需求可區分為「好氧菌」、「微好氧菌」、「兼性厭氧菌」與「絕對厭氧菌」。氧氣對好氧性生物而言是呼吸作用中所不可缺少的要素，但對絕對厭氧菌而言則是致命的毒藥。這些絕對厭氧菌必須生活在絕對無氧的環境中，例如，沼澤或湖泊的底部污泥中以及反芻動物的瘤胃或其他動物的消化道中。微好氧菌則生活在氧氣濃度較低的環境中，但它們又不能完全無氧；例如，常生活在人類口腔、消化道以及生殖道中的彎曲桿菌（*Campylobacter*）就是此種生物。至於兼性厭氧生物則同時具備了於有氧下及厭氧下生存的二項本領。它們於有氧時進行呼吸作用，可產生較多的能量；而於無氧時則轉換其代謝方式成為發酵作用，產生的能量較少，但一樣能正常生存下去。許多腸內細菌都具備這種兼性厭氧生長的本領，而屬於真菌類的酵母菌也是箇中高手（詳見第七章神奇的酵母菌）。

5.壓力——

　　多數微生物是生活在壓力約為一大氣壓的地表附近，但是占地表達四分之三的海洋中也生存著許多生物。當水深每增加十公尺時，其壓力也會增加約一大氣壓；例如太平洋的馬里亞那海溝底部壓力可達1000大氣壓。因此，生活在海洋底部，尤其是一些深海生物，通常都能耐受極大的壓力，是「嗜壓力生物」。這些嗜壓力微生物通常也是嗜低溫生物，因為海洋深處的溫度通常很低，終年維持在2°C～3°C。這些微生物在海底的營養物質循環上扮演了很重要的角色。它們通常無法在「低壓」的情況下生存，例如，科學家曾嘗試以2°C及500大氣壓的條件來培養這些嗜高壓的低溫菌而無法成功。

## 四、微生物的生長限制及其影響

　　微生物的生長與繁殖是極為快速的；以大腸桿菌為例，在生長條件良好的情況下，其細胞每十五分鐘可以分裂繁殖一次（亦即其細胞數目加倍），因此細菌的繁殖是以倍增的方式進行。如從二個細胞開始，每小時分裂四次，則一天可繁殖至$2^{96}$個細胞。雖然其每個細胞只有一兆分之一公克重，但在理想情況之下，一天繁殖下來的細胞總重量將可比美一座高山；而一天半時，其重量將與地球等重；二天時重量將超過太陽了。如果再以此繁殖速度繼續下去，要不了多久整個宇宙都將充滿了細菌。幸好這種事情實際上並不會發生，因為細菌的生長與繁殖是會受到養分的供應及環境因子的限制的；一方面養分不可能無限制供應，一方面細菌濃度升高時，氧氣的供應及排泄物的累積也會減低它的生長與繁殖速率。當細胞濃度達到某一程度時，微生物的生長與繁殖會完全停頓下來，甚至老化而開始死亡。因此自然界中微生物的分佈，是受到環境因子的限制的，它們通常只生長在適合它們的特殊環境之下。

　　此外，以整體生態的觀點來看，任何一種微生物的生存也不能自外於其他生物。自然界中，生物彼此之間有著非常複雜的相互關係；例如，互利共生、片利共生、拮抗、競爭、捕食等等，均是影響微生物數量與分佈的重要因素。而微生物的生物活動也能造成環境的改變，例如，優養化的湖泊中會因細菌的大量繁殖而呈無氧狀態，置於室溫下的牛乳會因乳酸菌的活動而發酵，藻類的光合作用釋放出氧氣供其他生物呼吸，人體上的正常菌叢有保衛宿主免受病原菌侵襲的功

效等。同時也別忘了，早期的地球是無氧氣存在的，直到出現了可行光合作用的藻類，地球才開始累積氧氣，形成今日的地球環境。因此這些肉眼見不到的小小微生物與整個地球的生態環境是息息相關的，它們的代謝與生長，對地球環境造成的影響遠超過它們的體型。「微生物不可貌相」，誠哉斯言也！

# 第六章　認識大腸桿菌

　　大腸桿菌大概是我們日常生活中最常聽到的細菌。每當端午節或中秋節快到時，衛生機關都會抽查一些粽子或月餅，並告知社會大眾這些食品是否符合衛生條件；其中一定不會遺漏一項檢驗是否含有大腸桿菌的測驗。平時自來水公司及一些環保單位也會定時檢驗自來水或河水水源是否遭受大腸桿菌的污染。而最近一些媒體報導及醫學雜誌也經常提到一種編號為O157的大腸桿菌會造成人類食物中毒，並導致腹瀉、下痢，甚或致命。一時間，大腸桿菌的臭名滿天飛，大家對其避之唯恐不及。然而矛盾的是，一些生物科技報導又說大腸桿菌是科學家的好朋友，可以利用來生產一些遺傳工程的生物科技產品。那麼，這一個令人又愛又恨的細菌，其廬山真面目到底如何呢？

## 一、腸道中的捍衛戰士

　　大腸桿菌的學名是 *Escherichia coli*（通常簡稱為 *E. coli*），是為紀念首先將此菌分離出來的德國微生物學家Theodor Escherich（1857～1911）而命名的；其中的coli指的是其棲息地——結腸（colon）。沒錯，顧名思義，大腸桿菌在自然界中的最主要棲息地就是溫血動物的大腸中，當然也包括人類在內。而隨著宿主動物的排便，大腸桿菌便可散佈到許多自然生態環境中。但基本上，大腸桿菌一旦離開了宿主的腸道而進入土壤或水體中，由於生存環境的不適

合，其繁殖及存活率會逐漸降低，最終大多數都會被淘汰而死亡。當然，一些落入適當環境，如食物或科學家的培養試管中的幸運兒，就可以快活的生長與繁殖了。

我們的消化道中是充滿了各式各樣的微生物的。由於營養充分、溫度及濕度適宜，因此，這些微生物可在腸道中大量生長與繁殖，稱之為「正常菌叢」（normal flora）。大腸桿菌便是大腸中正常菌叢的一員。別怕，這些正常菌叢是無害的；它們非但不會造成我們健康上的問題，卻反而是維持正常健康所不可或缺的。例如，它們可以自己合成許多維他命（包括維他命K及維他命B）供宿主吸收與利用；它們可以促進宿主免疫系統的成熟；此外，它們也負責維持我們腸道的正常而免於受到其他病原微生物的侵襲。聽起來有點不可思議，但這確是真的。這是宿主與微生物間的一種「共生」現象；而這種與微生物共生的關係是從我們一生下來便逐漸開始建立了。胎兒未出生時，本是全身無菌的，但從呱呱落地那一剎那開始，醫護人員的接觸、母乳的哺育，均使得微生物有機會接觸到嬰兒，並逐漸在其身上各部位建立起所謂的正常菌叢。

曾有研究人員以無菌剖腹手術取出小白鼠，並以「無菌」方式來飼育它們（養育在無菌箱中，供應過濾過的無菌空氣及滅過菌的食物）；結果發現這些缺乏腸道正常菌落的小白鼠非但不能健康成長，同時也極度缺乏免疫能力。例如，其腸壁變得較薄、心臟輸出力減弱、需要大量補充維他命及對病原菌的抵抗力差等等。

因此，大腸菌及其他的腸道正常菌叢對我們宿主是有益的，我們的腸道中有著成千上萬的這些微生物朋友們與我們日夜常相左右呢！

（成千上萬只是形容詞，事實上它們的數量可多達$10^{12}$個／公克，亦即每一公克的腸液或糞便中含有一兆個細菌）。談了一大堆大腸桿菌的好處，那麼大腸桿菌的一些惡名又是從何而來呢？

## 二、大腸桿菌是糞便污染指標

　　一般食品與飲水的微生物檢驗，是要確保其未受到糞便的污染，以免病從口入。但是許多由糞便傳染的病原菌並不容易檢驗，常需要一些特殊的儀器與技巧，有時培養時間也很長。因此，科學家們便找到一個代罪羔羊──大腸桿菌來作檢驗；一旦發現大腸桿菌的存在，便認為該食品或飲料曾受過糞便的污染，而不適於人們去吃食或飲用了。至於為什麼找大腸桿菌背這個黑鍋呢？主要的原因是大腸桿菌生長快速、易於培養以及鑑定容易之故。例如，生長在伊紅亞甲藍洋菜培養基（Eosin-Methylene Blue Agar）上的大腸桿菌菌落會呈現出藍綠色的金屬光澤，極易辨認（見圖6-1）。因此，大腸桿菌是一個優良的「糞便污染指標」。而一般食品中出現大腸桿菌便被衛生機關判定檢驗不合格的原因，並不是因為大腸桿菌會讓人生病，而是代表其曾受過糞便的污染之故。

## 三、好孩子與壞孩子

　　一個族群的成員有好也有壞；大腸桿菌也不例外。它們在腸道中對宿主的貢獻是無庸置疑的；但矛盾的是，它們其中的某些「壞份子」也是人類一些重要的感染病原菌。例如，它們是人類泌尿道感染的頭號通輯犯；根據統計，90％以上人類泌尿道的首次感染就是大腸

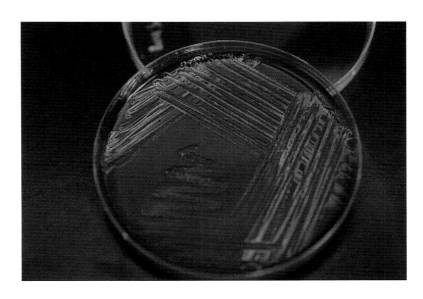

**圖6-1**　生長在伊紅亞甲藍洋菜培養基上的大腸桿菌菌落。菌落會呈現出藍綠色的金屬光澤，是大腸桿菌特有的特徵，很容易辨認。（葉心玫攝影）

桿菌的傑作。由於女性的尿道比男性短，且更接近肛門，因此受到的感染遠比男性多。這些造成泌尿道感染的大腸桿菌具有一些特殊的「壞本領」：(1)它們的附著能力較強，在尿液強力的沖刷之下仍能與尿道表皮細胞緊密附著；(2)它們有較強的侵襲力，能利用「溶血素」去破壞宿主細胞；(3)它們具有抵抗「抗生素」的能力，對於抗生素的治療有較強的耐力。而另有一些大腸桿菌的壞份子則會造成嬰兒及腦手術後病人的腦膜炎感染，雖然這些病例只占了所有腦膜炎病例的十

分之一，但其致死率卻高達50%，不可不慎！

## 四、大腸桿菌O157惹禍了

　　除了前述的泌尿道感染與腦膜炎外，大腸桿菌也是人類腹瀉及下痢的另一重要病源。大腸桿菌在腸道中本是與宿主共生的正常菌叢的一員，具有幫助宿主抵抗其他病原菌（例如志賀氏菌及沙門桿菌）的功效。但是這些好孩子有一部分卻學壞了；它們經由「基因交換」的方式從一些病原菌身上偷到一些壞本事，這些變壞的大腸桿菌會分泌出一種腸內毒素（類似志賀氏菌毒素）去破壞宿主腸壁細胞，同時也會造成微血管破裂，而導致腹瀉及下痢血便等症狀。因此，這些病原性大腸桿菌常被稱為「腸內出血性大腸桿菌」（enterohemorrhagic *Escherichia coli*, EHEC）。

　　在EHEC中，有一株變種最為廣泛流行，造成人類近年來許多重大食物感染事件；那就是大腸桿菌O157:H7（其中的"O"是英文字母的O，不是阿拉伯數字的零，代表大腸桿菌的細胞表面抗原型；而"H"則代表大腸桿菌的鞭毛抗原型），常被簡稱為大腸桿菌O157（*E. coli* O157）。此菌會造成病人的嚴重腹絞痛、腹瀉與赤痢，如無適當治療與處理，病人會在短時間內大量脫水與失血而導致死亡，是一株極危險的病原菌。此外，一些抵抗力弱的病人，如五歲以下幼兒與老人，往往會併發一種「溶血性尿毒症」（hemolytic uremic syndrome, HUS），造成其紅血球遭受破壞及腎細胞死亡，最後導致腎衰竭；嚴重者造成腎臟的永久性傷害，而需靠洗腎維生或換腎。

　　大腸桿菌O157是在1982年才新出現的一個病原菌，目前它已成

為全球人類的一個經飲食傳染的重要病原菌。每年在世界各地均會爆發若干次的發病事件，且不限於衛生落後地區；連一些醫藥衛生極發達的國家如美國、加拿大、日本等國也不能倖免。例如1996年5月在日本爆發的大感染，截至當年7月底的統計，至少有8444人發病、6人死亡；其中有6000個病例是在大阪近郊發生，且蔓延到附近的40個縣，一度造成日本全國的大恐慌。

　　大腸桿菌O157是藉由飲食傳染的一個疾病，其污染來源通常是牛乳與牛肉（尤其是做漢堡的絞牛肉，因為在絞碎的過程中極易被污染，且絞碎的肉表面積加大，有利於病原菌的附著與繁殖）。當消費者吃食烹調不當的污染牛肉製品後，很快便會發病。目前已發現除了牛肉製品外，許多其他食品也可成為病原媒介；例如飲水、果汁、生菜沙拉、美奶滋等，這是因為大腸桿菌O157比其他正常的大腸桿菌更耐酸的緣故。此外O157另一項令人擔憂的問題是，該菌的侵襲力極強，只需極少數目的病原菌細胞便可致病；據專家估計，大約只需10個細胞便可致病。因此，該菌對我們的餐飲與衛生業帶來極大的衝擊。

## 五、大腸桿菌在研究上及生物科技上的應用

　　大腸桿菌也是人類研究與了解最透徹的細菌之一，它被許多科學家當作實驗材料，這是因為此菌生長快速，在適當的生長環境下每二十分鐘即可分裂繁殖一次；它們也很容易培養，只需供給很簡單的營養物質便可良好生長。此外，此菌也有很多特性已詳知的變種，可隨時供科學家們選用。因此，大腸桿菌成為許多生化學家、遺傳學家、

分子生物學家以及微生物生理學家的最愛；每年以此菌為材料而發表的科學論文不可勝數。的確，我們人類目前對許多生命現象的了解都是從研究大腸桿菌中得到的。而在生物科技方面的應用，大腸桿菌也是極佳的的材料。許多不同生物的基因，已紛紛被一種稱為遺傳工程的技術將之選殖入大腸桿菌細胞中來表現，利用此菌容易培養及快速繁殖的特性，每個大腸桿菌細胞便有如一間小小工廠，按照施工藍圖（即選殖進去的外來基因）去生產一些生物科技產品，例如，動物生長激素、B型肝炎疫苗、胰島素……。

## 六、大腸桿菌小檔案

　　大腸桿菌是一種非常小的單細胞細菌，它的大小只有約2um長，0.8um寬（1um＝1微米＝$10^{-4}$公分，亦即萬分之一公分），一個細胞重約$10^{-12}$公克（亦即一公克的細菌含有一兆個細胞）（如圖6-2）。細胞的組成為70%水分，15%蛋白質，6%核糖核酸（RNA），3%碳水化合物，2%脂質，1%去氧核糖核酸（DNA），1%離子，其餘則為一些其他少數物質。其DNA約只有人類細胞中DNA的五百分之一，但其上含有至少一千種以上的基因，負責製造出其一切生理活動所需的物質。它們可以自行合成所有的二十餘種氨基酸（人類只能合成其中的十餘種，其餘的十種則必須自食物中攝取）。大腸桿菌於有氧氣的情況下可進行有氧呼吸作用，而在缺氧的情況下亦可進行不需要氧氣的發酵作用，因此，是一種兼性厭氧的生物。每個細胞的體表具有數十～二百根的菌毛（pili）幫助它們附著在宿主細胞表面上，另具有一～數根較長的鞭毛（flagella）是它們在液體中運動的工具

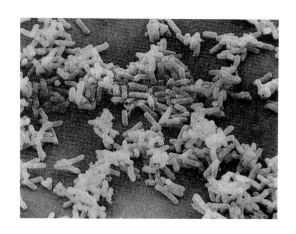

**圖6-2　大腸桿菌的電子顯微鏡照相圖，細胞呈現短桿狀。（本插圖取材自：Microbiology, 3rd ed., Prescott *et al*., 1996. Wm. C. Brown Publishers授權轉載）**

。此菌常存在於溫血動物的大腸中，占了人類腸道中細菌總量的百分之一左右。因為大腸中其他大多數細菌均是絕對的厭氧細菌，不易分離培養及研究，因此，可以好氧培養的大腸桿菌就出盡了風頭，成為大腸中細菌的發言人了。

（本文原刊於《科學月刊》第二十七卷第十期，民國八十七年三月修訂）

# 第七章　神奇的酵母菌

　　酵母菌是食品工業上應用最廣泛的微生物菌種。釀酒、麵包發酵、食品香料製造均少不了它們；而酵母菌富含蛋白質與維他命，也可直接做爲食品補充營養，對人類的貢獻極大。此外，在一般的微生物培養上，酵母萃取液也是極佳的養分來源，它提供了大量的維他命及生長因子，在實驗室中培養微生物的研究人員都少不了它。試想，如果人類的活動中少了酵母菌，我們的生活將減少多少光彩啊！當然，酵母菌中也有少數會造成人類疾病的「壞份子」，這些病原酵母能感染人類身體上的許多部位，尤其是免疫力較弱的人經常被它纏上。這些病原酵母菌不怕抗生素，治療起來也頗令人頭疼呢！本章即將對此神奇而重要的小小生物作一綜合性的介紹。

## 一、酵母菌是什麼樣的生物？

　　「酵母菌」是一個通俗性的綜合名詞，微生物學家用它來形容一群圓形或橢圓形單細胞且具有細胞核的類似眞菌的生物。它們細胞的大小（直徑）約比細菌大十倍，大多以「出芽」的方式來繁殖（如圖7-1）；但也有少數的酵母菌是以細胞均等分裂爲二的方式繁殖。通常爲單細胞，或少數細胞聚集成短鏈狀，稱作「僞菌絲」，它們不具有眞正的菌絲。在分類學上，酵母菌是眞菌類，但可分屬於不同的「綱」；絕大多數的酵母菌是屬於子囊菌綱及不完全菌綱，一些爲擔

子菌綱，少數為接合菌綱。由於不具有葉綠素，所以不能行光合作用，而必須自周遭環境中攝取有機物質來進行其生理代謝。在自然界，它們常分佈於富含糖質的環境中，例如，花蜜、果汁、水果表面上均可發現它們的踪跡；這是因為酵母菌對高濃度醣類具有耐性，以及其喜好利用醣類進行代謝以獲取能量來生長與繁殖之故。

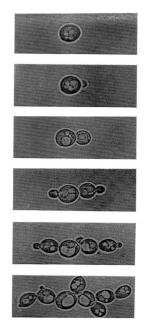

**圖7-1　釀酒酵母菌的出芽生殖。**新生的「子細胞」較原先的「母細胞」為小，分裂後暫時不分離，形成短鏈狀。較老的細胞中常可見到大而透明的「液泡」。（**本插圖取材自：Biology of Microorganisms, 7th ed., Brock *et al*., 1994. Prentice-Hall Inc.授權轉載。**）

目前人類應用最廣的酵母菌首推「釀酒酵母」（*Saccharomyces cerevisiae*），也有人將之稱為「麵包酵母」，這是因為此菌種被廣泛的應用於釀酒及烘焙發酵麵製品之故；而人類對酵母菌的了解，也大多是來自研究此菌種而獲得的。由於酵母菌是一種真核生物，細胞內具有細胞核，能夠修飾一些高等真核生物的蛋白質，因此在近代的生物科技中也逐漸佔有極重要的地位。以往，高等生物的基因常經遺傳工程方式選殖鑲嵌到細菌的細胞中，但因為細菌是原核生物（細胞內沒有細胞核），無法正確表現及修飾此基因及其蛋白質，使得製造出來的蛋白質往往不具有生物活性；因此，能修飾高等生物蛋白質的酵母菌便逐漸取代細菌，成為生物科技研究人員的新寵。

## 二、酵母菌是代謝醣類的高手

酵母菌雖然只是卑微的單細胞生物，但是它們卻具備了二套代謝醣類的本領：「有氧代謝」與「無氧代謝」。當在有氧的環境下生長時，酵母菌可利用氧氣進行呼吸作用，將糖轉化成大量能量及二氧化碳，以快速進行細胞的生長與繁殖。而在無氧的環境下，則利用發酵作用將糖轉化成酒精與二氧化碳，同時可釋放出較少的能量以進行必須的基本代謝作用，此時細胞只進行糖的發酵轉換而不會大量生長與繁殖。就是因為這種利用醣類的酒精發酵及釋放二氧化碳的特性，酵母菌成為釀酒及麵包發酵的最佳幫手。

## 三、酵母釀酒豐富了人類的文化

早期的釀酒，人們根本不知道酵母菌的存在，但是從經驗中卻知

道在釀酒的過程中，如何以適當的原料在適當的時機做適當的處置，以釀造出佳釀供作飲用。而在發現了酵母菌之後，隨著對酵母菌特性的了解，我們可以更有效的控制各種發酵條件，使釀酒成為一種科學與藝術的結合。以葡萄酒的釀造為例：當葡萄置入釀酒桶榨汁之際，原先附著在葡萄表皮的酵母菌便開始利用果汁中的糖分，快速進行有氧呼吸作用來生長與繁殖。而當酵母菌生長到某一濃度時，桶中的氧氣也逐漸消耗殆盡。此時，酵母菌便開始轉換成另一階段的代謝方式，亦即開始進行無氧的酒精發酵作用；而這種由有氧轉換成無氧的代謝，正是釀酒成功與否的關鍵。近代科學化的釀酒則是以特定培養的優良菌種作成種菌，然後添加到釀酒原料中，以確保品質及減少雜菌的污染。許多因素可造成釀酒的失敗：例如，起始的酵母菌種不對、糖分不足而導致酒精度過低、氧氣的控制不當、雜菌的污染等等。

　　除了葡萄酒的釀製外，人們也會利用酵母菌進行其他酒類的釀造；同時也學會將釀製酒進一步蒸餾以得到酒精濃度更高的烈酒。例如，釀製其他水果酒及製造白蘭地；以穀物類為原料製造的啤酒、米酒、高粱酒、紹興酒、清酒、威士忌、波本酒、琴酒、伏特加等；以糖蜜為原料釀製的蘭姆酒；以甘薯為原料製造的燒酒；在墨西哥甚至可利用龍舌蘭植物的汁液，釀製及蒸餾出風味特殊的龍舌蘭酒。為了增加酒類的風味或特殊用途，我們也會添加其他調味品或藥材至酒中；例如，杜松子酒、再製酒、各類藥酒等等。而二階段發酵式富含氣泡的香檳酒，更是人們喜慶時不可缺少的飲料。古今中外多少文人騷客在酒精的催化下創作出流傳千古的不朽詩句；視死如歸義赴沙場

的壯士，行前也會浮一大白以壯聲色；情人們花前月下一杯葡萄美酒
又是多麼的詩情畫意！然而酒後亂性、酒醉駕車、酒精中毒也爲人們
帶來極大的損害。酒就像一把雙面刃，全看人們如何使用它。而天下
本無事，這一切的事端卻全肇因於這小小肉眼看不見的神奇酵母菌！

　　除了供飲用的各種酒精飲料外，酵母菌的酒精發酵也爲人類的燃
料能源提供了一個新的選擇。由於石油的蘊藏量有限，因此，如何開
發新的能源一直是人們努力追求的重要目標。地球上的醣類是一種
「再生性資源」，亦即只要有植物生長，便可源源不絕的製造與補
充。酵母菌便可利用這些醣類來製造酒精，作爲添加到汽油中的燃
料；一方面產生能量，一方面也可減少空氣的污染。目前巴西在此方
面的研究具有相當不錯的成果。在未來石油逐漸耗竭之際，酒精將成
爲明日能源的新星，而小小的酵母菌也將成爲人類解決能源危機與減
少空氣污染的希望所冀！

## 四、麵製品的發酵

　　人類利用酵母菌發酵麵包及饅頭已有相當長久的歷史，它們不僅
能使麵製品變得鬆軟可口，同時也會增添酵母特有的香味，使食品更
具可口的風味。在發麵的過程中，酵母菌將麵粉中的少量糖分轉化成
酒精及二氧化碳，此大量的二氧化碳氣體於麵糰中產生許多空泡使之
鬆軟；於烘焙或蒸熟的過程中，熱量會將酒精揮發，而麵製品則仍保
留了發酵麵品的獨特風味與鬆軟可口的特性。值得注意的是，酵母菌
的發酵麵包不僅只是提供二氧化碳使之鬆軟而已，其他如提供香味使
之更可口亦是重要功能之一；這可由以小蘇打取代酵母菌的發酵得到

明證。雖然小蘇打亦可使麵包變得鬆軟，但其風味卻與發酵麵包迥然有異。在歐美社會中，以小蘇打發製的麵食點心是沒有資格被稱為「麵包」的！

## 五、如何大量生產活性酵母菌？

二次大戰期間，美軍曾在北非戰場擄獲了一批德軍物資，其中包括了一些奇怪的粉末。經深入查訪得知，這是具有活性的乾燥酵母粉。將其加入麵糰之中，酵母菌即可恢復活性開始發酵麵糰，以便烘製麵包。因此美國研究人員也嘗試製造此種乾燥的活性酵母粉，但一旦乾燥後卻始終無法使之再恢復活性。直到大戰結束，才逐漸揭開了這個謎底。原來，酵母菌在某一特定的培養條件下生長時，細胞中會產生及累積一種稱為「海藻糖」（trehalose）的雙醣類物質，此物質可嵌合到其細胞膜上；當酵母菌細胞在乾燥的過程中，脆弱的細胞膜便可得到海藻糖的保護。因此，即使是乾燥的酵母菌細胞，其細胞膜仍保持完整，而在爾後遇到適宜生長的環境時，便可恢復生機。

目前工業上大量生產活性酵母的方法，是利用可控制培養條件的大型發酵槽來進行培養，這些發酵槽的容量常可高達四萬～二十萬公升。培養原料是利用製造蔗糖的剩餘副產品──糖蜜。糖蜜雖然無法再結晶，但其中仍含有大量糖分及礦物質可供酵母菌利用；此外，通常也需添加一些磷酸鹽類及硫酸銨來提供酵母菌生長時必須的磷與氮。在開始培養時，糖蜜並不是一次就全部加入，以避免酵母菌在過多的糖分之下會將糖轉化成酒精與二氧化碳，而是採用一次少量給予的方式；在酵母菌將糖分分解並生長出較多細胞時，再逐次添加糖

蜜。如此，酵母菌的細胞可以繁殖到最大限度。生長完成後，便以離心方式收集細胞，經清洗、添加保護劑以及真空乾燥程序，便可製成所謂的「活性酵母粉」。這種活性酵母粉可在室溫中保存長久的時間而仍保有活性再生的生機。

在往昔，也曾將酒精發酵完畢的剩餘酵母菌細胞離心收集製成所謂的「健素糖」，可以補充我們的蛋白質與維他命。因此，如能充分利用酵母菌，對於第三世界或糧食缺乏地區的人民也是不錯的營養補充來源。對微生物學家而言，酵母萃取液因富含養分，是實驗室中培養微生物常用的培養基原料。近年來，也有一些研究人員正在研究將酵母菌的核酸提煉出來，經加工製成食品添加鮮味劑，可用來取代味素。因此，酵母菌可說是人類最好的小朋友，它們是卓越的化學家，也是能化腐朽為神奇的工程師。

## 六、酵母菌與近代生物科技

基因重組技術（或稱之為遺傳工程技術）是近代生物科技中一項重要的技術；在發展之初，是以原核生物的細菌（例如大腸桿菌）作為宿主細胞，而將高等生物的特定基因設法轉殖嵌入宿主的DNA中，藉著宿主細胞快速繁殖的能力，來大量表現此基因。然而以細菌當作宿主細胞的缺點是，它不能有效的修飾真核生物的蛋白質，因此，在研究上或應用上受到許多限制。而屬於真核生物的酵母菌，則是一個很好的宿主細胞，原因如下：(1)酵母菌是真核生物，可以比較有效率的修飾真核生物的基因及其蛋白質；(2)酵母菌是單細胞生物，繁殖速率很快，短時間內便可大量培養及得到產品；(3)酵母菌可以用

很簡單及廉價的原料來生長，培養容易；(4)其基因數量不大，只有人類的三十分之一（或約為大腸桿菌的四倍），很容易進行基因轉殖的操作。以釀酒酵母為例，單套的細胞具有十七條染色體，每條染色體上的基因並不多，很容易將此十七條染色體個別分離出來作一些特別的研究用途。

由外界轉殖基因進入酵母菌細胞可有三種方式：(1)將欲選殖的基因與酵母菌染色體的中央節（或稱著絲點）基因及複製基因共同結合在同一質體上；如此，此質體將可很穩定的存在於酵母菌的細胞內，每個細胞中將只含有一或數個此種質體；隨著細胞每次的有絲分裂，該質體亦可複製並在紡錘絲上移動，而平均分佈到新分裂的二個細胞中。(2)選殖基因到不具有中央節的質體上，此類質體較不穩定，但可以很多數量存在於酵母菌細胞中；當酵母菌細胞分裂繁殖時，質體則隨機分配到二個新細胞中。(3)選殖的基因直接嵌入酵母菌的染色體上，與酵母菌的染色體同步複製。

酵母菌細胞的另一特色是，通常可將外來選殖基因的蛋白質分泌到細胞外，有利於產品的回收與純化（大腸桿菌則傾向於將此類蛋白質留置在細胞內，成為結晶狀的內涵體）。而再以社會大眾對遺傳工程產品的接受度而言，細菌總是使人聯想到疾病，而酵母菌則使人聯想到較正面的事物（如釀酒、食品製造）；因此以酵母菌生產的遺傳工程產品也較容易被一般社會大眾所認同與接受。是故酵母菌已逐漸成為近代生物科技的新寵，在未來的應用上具有極大的潛力。

## 七、病原酵母菌──白色念珠菌（*Candida albicans*）

　　白色念珠菌是一種人體上的正常酵母菌菌叢，常分佈在口腔、消化道、呼吸道以及生殖泌尿道的黏膜上，它們也是一種伺機性的致病菌（opportunistic pathogen）（見第四章圖4-1）。在宿主健康且正常的狀況下，此酵母菌會與其他微生物共存於身體的各個部位上且與宿主相安無事。但當棲息環境發生改變時，例如，酸鹼性改變或宿主使用殺菌性藥物（如漱口水、抗生素）破壞該部位正常菌叢的生態平衡時，此類酵母菌便可伺機大量繁殖造成宿主的感染發病。一些免疫力較弱的人如新生兒、老人、糖尿病患、愛滋病人等，則非常容易受到此菌的侵襲；它們通常造成皮膚或黏膜的局部感染。例如，新生兒常見的鵝口瘡，舌部與口腔黏膜會因此菌的大量繁殖而呈現大片白色斑塊，這是因為新生兒的正常菌叢尚未建立之故；一旦新生兒建立了自己的正常菌叢後，鵝口瘡便很少發生了。白色念珠菌陰道感染也常見之於懷孕婦女、糖尿病患以及抗生素使用不當者。健康的女性陰道內常具有大量產酸的乳酸菌，可以有效的抑制雜菌的生長及防止感染；但當宿主陰道的正常菌叢受到破壞時（例如不當的陰道灌洗或使用抗生素），白色念珠菌便可伺機繁殖造成感染。在少數的情況下，此菌也可侵襲深層組織而造成全身性感染，嚴重者甚可致命。癌症末期病患及愛滋病人因免疫力大幅減弱，常會發生白色念珠菌的全身性感染。

## 八、結語

　　酵母菌雖是小小的單細胞微生物，但是它們的本事卻不小。它們是代謝醣類製造酒精的高手，食品工業少不了它。在新興的生物科技中，酵母菌也開始嶄露頭角。而在解決未來能源危機上，它也將占有一席之地。酵母菌是我們人類最古老、最忠實的朋友；過去如此，現在如此，未來也將如此！

（本文原刊載於《科學月刊》第二十八卷第七期，並被節錄轉載於1998二月號《講義》雜誌；民國八十七年三月修訂）

# 第八章　垃圾哪裡去了

　　隨著物質文明的進步，我們每人每日所消耗的物資也逐漸增加，因而產生的垃圾與污染物也快速成長。本省人口密集、工廠多、飼育的牲畜家禽也多，因此，產生的污染物已造成環境上極大的負荷；而國人「浪費物資」與「用後即丟」的不良習慣更是加重垃圾問題。而這垃圾與污染的問題已嚴重影響到我們的居住與生活品質，更是各地縣市政府施政上的首要課題。

　　您是否曾好奇，這些被我們隨手丟棄的垃圾去了哪裡？家中抽水馬桶所沖走的糞便又到了何處？如果這些人類製造出的「污染物」未經適當處理而直接丟棄在大自然中，不僅會造成環境的髒亂而影響我們的生活品質，同時也會威脅到我們的健康。因此，適當的處置這些垃圾與污水是非常重要的工作。相信大家都曾聽過所謂的「垃圾掩埋場」與「污水處理廠」吧！但是這些被掩埋的垃圾及污水池中的污水又是如何「消失」的呢？原來它們正是靠著微生物的分解作用，將其分解成無機鹽類而新重回到生態循環中。因此微生物在這種「淨化」過程中，是擔任著「分解者」的角色。它們利用污染物作為食物，將之分解消化；不但解決了人們製造出來的廢物，同時也化腐朽為神奇，將之轉化成為植物生長所必須的無機鹽類。這些微生物聯繫了有機生命與無機物質，是物質循環中所不可或缺的一環。

## 一、垃圾問題多又多

我們製造出來的垃圾種類非常多。其中許多是微生物所無法分解的塑膠、玻璃及金屬等可回收的資源性廢棄物；而其餘的則為可被微生物分解的紙張、廚餘以及農、牧、工業等有機廢棄物，一般也叫做「可燃性垃圾」，其中的紙張亦可回收製成再生紙。

在早期農業社會中，這些可被微生物分解的有機廢棄物，可以經由堆肥的過程而轉化成有機肥料使用。但隨著社會的工業化，人口大量集中於都市中；如何適當的處理這些每日大量產生的垃圾，已成為花費不貲且困難的必要工作（圖8-1）。

圖8-1　現代化都市產生的垃圾，內容包羅萬象。如何做好分類、回收與處理，是環保工作上的重要課題。（本插圖由財團法人生物技術開發中心林畢修平博士提供）

　　一般的垃圾處理可選擇焚燒或掩埋。前者可以大量減少垃圾的體積，且產生的熱量也可作為能源來使用；但缺點是花費較高，且處理不當時易造成空氣污染。而後者需具備大面積的土地來掩埋垃圾，雖然花費較少且容易實施，但卻會造成蟲、蠅、鼠類等病媒生物的叢生；此外，亦會產生惡臭與廢水溢流，造成污染土地與地下水源等問題。一般人口密集的工業地區（例如本省及日本）因需顧及居住環境的品質，且土地取得不易；因此，興建垃圾焚化爐，以焚燒法處理垃圾已成為不得不然的趨勢。而地廣人稀的地區，則可選擇掩埋方式。目前本省八成以上的垃圾仍然採用掩埋法來處理，造成環境上極大的負擔。因此，如何做好資源回收、垃圾分類與垃圾減量，是我們當前刻不容緩的工作（圖8-2為資源性廢棄物的分類與回收）。至於必須掩埋的垃圾，就只好交給微生物來替我們解決與善後了！

**圖8-2**　廢棄物分類完成，準備重新再出發的資源。（葉心玫攝影）

## 二、垃圾掩埋與微生物分解

　　掩埋法是一種較簡單且花費較低廉的垃圾處理方式。為了減少病媒及滲漏污水等衛生問題，目前大多採用所謂的「衛生掩埋法」。通常是依地形選取位於偏遠地區的非水源集水區之低窪處來建立衛生掩埋場。底層及四週需以不透水材質或低滲水性土壤構築，並需設有滲漏水、廢氣之收集或處理設施，同時亦需要設立地下水監測裝置，以避免污染四週環境與地下水源而產生衛生問題。垃圾傾倒後，必須加以覆土，以減少蟲蠅及鼠類的滋生；而微生物則於厭氧的環境下進行有機物的分解。因有機質的被分解，垃圾逐漸「礦物化」，最終回復到無機的礦物鹽狀態。而於此分解過程中，微生物會釋放出甲烷氣體（沼氣）、二氧化碳、水份、低分子醇類與有機酸；垃圾體積會逐漸減少而沈降安定下來。一般紙張因富含纖維素，較不易被微生物分解；因此在掩埋多年之後，仍不能充分被分解完畢。例如，很容易在掩埋場中挖出數十年前的紙張，而其上的文字有時仍可清晰閱讀呢！書本與電話號碼簿等厚重書籍最不容易被分解。因此做好紙張與書籍的資源回收是非常重要的工作。通常經過三十年到五十年的光景，垃圾掩埋場因地基逐漸安定，其上可以種植花木並開闢為公園、高爾夫球場等遊樂設施。種植食用作物是不恰當的，因為垃圾中往往含有一些有毒物質或重金屬，可能被植物吸收而進入組織之內。此外，開築為住宅區或興建高樓也有潛在的危險。地基不夠穩固及經常緩慢的釋出甲烷氣體，對居住於此的居民亦有健康或引發火災的威脅。

## 三、化腐朽為神奇的有機堆肥

　　垃圾中的有機物質也可經由一種「堆肥」的過程，藉由好氧性的細菌將之分解，成為一種穩定而衛生的腐殖土狀的有機體，可作為農業上改善土質及提供植物營養的有機肥料。有機堆肥的原料有如焚燒法一樣，必須事先加以篩選，剔除不能被微生物分解的塑膠、玻璃及金屬等；而只留下可燃的有機物質，例如果皮、菜屑、落葉等，將之堆積起來。為了補充微生物生長時所需的氮源，通常需混以約十分之一量的動物糞尿。堆肥過程中，首先是中溫微生物的大量繁殖與生長。有如我們激烈運動後會產生熱量般，微生物的呼吸與代謝亦會產生熱量，而使堆肥溫度上升；內部溫度通常可以達到攝氏五十五度至六十度。而嗜高溫微生物便可繼之生長，以其旺盛的代謝分解能力繼續分解有機物質。由於高溫促使水分的蒸發，堆肥上方常可見到白茫茫的蒸汽籠罩（如圖8-3）；因此適當的補充水分也是必須的。由於堆肥是利用好氧性的微生物來進行，因此也必須維持適當的通氣，而不宜使堆肥壓縮太緊密，保持約30%的空隙最有利於過多水分的溢流及提供氧氣給微生物生長。當堆肥溫度逐漸降低後，則需將之翻攪重新補充氣體與水分；此時堆肥溫度會再度因微生物快速生長而回升。如此反覆多次之後，堆肥中的有機物會逐漸分解，而形成深色具有泥土氣味的腐殖土（圖8-4）。在腐熟的過程中，產生的高溫也會將其中的有害生物，例如寄生蟲卵、蟲蠅及病原微生物等殺死。這種有機腐殖土可以改善土壤的土質及提供植物生長的營養，是從事園藝花卉的好材料。近年來，環保與自然生態保育觀念的興起，許多農藝上的

食用作物亦開始採用有機肥料。不但可以取代化學肥料的使用，減輕
水源的污染與優養化，同時在作物本身的質與量上亦獲致不錯的成
效。但值得注意的是，堆肥原料必須小心選取，以避免遭受有毒物質
及重金屬的污染。

**圖8-3　有機堆肥現場圖。工程車正在翻攪堆肥，內部高溫造成水分
　　　　的蒸散。（本插圖由財團法人生物技術開發中心林畢修平博
　　　　士提供）**

　　有機堆肥的缺點與垃圾掩埋法類似。除了需要大面積的土地來進
行堆肥外，蟲蠅的滋生與臭味也常造成困擾。在歐美一些大規模生產
有機肥的工廠，則是採用自動化的流程，於控制條件下的堆肥槽內進
行堆肥；其上加蓋，而底部則鋪設打氣管路補充氣體，並定時灑水及
攪拌。熟成後的腐殖土則可乾燥包裝而販售。

**圖8-4　有機堆肥完成後之腐殖土。（本插圖由財團法人生物技術開發中心林畢修平博士提供）**

## 四、污水處理

　　現代化都市的污水非常複雜，包括了一般家庭廢水（如廁所沖刷水、廚房用水及洗滌水等）與各種不同工業的事業廢水。其中不僅含有糞便，也包括了各種清潔劑與化學物質。因此，這種污水必須經過適當的生化處理，方能排放到自然界中；以免產生危害健康的公共衛生問題，或是污染了自然生態環境。目前我國對於各種事業廢水（如石化工廠、染整工廠、養豬廠……）的排放，均定有放流標準；必須經過妥善的污水處理，於符合排放標準的情況下方能放流至河川或海洋中。然而遺憾的是，本省目前的都市污水管線普及率竟不及百分之一，更遑論在排放前是否曾做過污水處理了。這些家庭污水大多是直

接由水溝排放到河川及海洋中。更有甚者，位於河川上游或集水區的居民或觀光飯店的污水也是直接排放到河川中；而開墾、濫建、飼養豬隻雞鴨等經濟活動，也進一步加深水源的污染，對國民的健康已造成極大的威脅。因此，如何普及污水管線及廣設污水處理廠，是目前政府當務之急。

　　一個典型的污水處理廠至少應包括初級與二級處理系統，少數更具備了三級處理系統。初級處理是以物理性的柵欄與沈降池，除去污水中的固體物質，將其進行掩埋或作後續的厭氧微生物分解；而上層溶有大量有機質的污水則被導入二級處理系統，進行微生物的分解處理。

　　基本上，二級處理是藉助微生物的分解作用，將污水中的有機物質去除。方式很多，常用的有下列幾種：(1)活性污泥法——這是於污水池中通入大量氣體攪動池水，一方面可使池水充分混合，一方面可提供充分的氧氣供污水中微生物生長及進行代謝分解；此法可在短時間內藉由好氧性微生物的作用，而將污水中的有機物質去除。圖8-5為本省一家中小型工廠之活性污泥廢污水處理現場圖。(2)滴濾法——將污水透過輸送管道而噴灑或滴漏在一石床上，石床中石塊的表面生長有一層微生物膜；藉由微生物膜的旺盛分解能力，流經石塊表面污水中的有機物質便被逐漸分解消化。(3)旋轉生物膜盤法——於污水池上裝設半浸於水中的大型塑膠盤，其表面上生長著一層微生物膜；而藉由電力轉動此生物旋轉膜盤，使其交替接觸污水與空氣，因此，其上的微生物便可將污水中的有機物質加以分解。(4)厭氧分解槽法——將污水及初級處理所蒐集的固體有機物質導入一密

閉的厭氧分解槽內，其內生長著許多厭氧的微生物；這些厭氧微生物不但可以分解有機物質，同時也會釋放出甲烷（沼氣），可以回收作為能源。

**圖8-5　活性污泥法處理廢污水現場圖。（本插圖由財團法人生物技術開發中心林畢修平博士提供）**

　　通常經過前述的幾種二級生物處理後，污水中的有機物質已大為減少；於環境壓力不大的地區（例如地廣人稀或非集水區），便可以直接放流到環境中。然而在人口密集的地區或是下游仍有其他工業需使用此水源時，則需進行三級處理。

　　三級處理是添加化學藥劑來除去水中的氮鹽及磷鹽後再予以放流。因為富含氮鹽與磷鹽的水，流入河川、湖泊或水庫中後，極容易滋生大量藻類，造成水質的「優養化」。這些大量繁殖的藻類漂浮在

水面上形成「藻華」，遮蔽光線。而其下無光的水體中，又因微生物
的大量繁殖而耗竭所有的氧氣，最後導致水中需要呼吸的動物窒息死
亡。而富含氮鹽與磷鹽的水質流入海洋後，也會造成海藻的大量繁
殖，形成所謂的「紅潮」。因此在某些環境較敏感的地區，污水的三
級處理仍有必要。

## 五、人工合成化學物的分解

近幾十年來，化學工業製造出來許多合成的化學物，被廣泛的應
用在與我們日常生活息息相關的紡織品、塑膠製品、清潔劑、殺蟲
劑、除草劑等。其中許多製品如塑膠及紡織品，是完全無法被微生物
所分解的；例如寶特瓶，一旦被埋入土中，幾乎可以確定將永遠長存
在該處而無法被微生物所分解。而其他許多的化學合成品亦非常難以
被生物分解，可在自然界中長期存在。以已被禁用的殺蟲劑DDT為
例，其在自然界中的抗分解能力至少可長達十年。許多這些人工合成
的化學物質是具有生物毒性的，因此，其在自然生態環境中所造成的
長期影響是非常深遠的，並且對許多生物的生存已造成嚴重的威脅。

因此，如何開發與製造微生物可分解的替代物，是目前科學家積
極努力的方向。任何一項人為的新產物都不應該超出大自然的「自
淨」能力，亦即是必須可被微生物所分解的；否則所累積下來的嚴重
後果將由我們全體及子子孫孫所承當。而對於可回收的物資，例如塑
膠、保麗龍等，也必須徹底做好資源回收工作。地球就像一艘太空
船，我們都是其上的乘客，任何人都無權恣意的製造垃圾與污染她。

## 六、烷基苯磺酸的教訓與啓示

在1950年代時期，人們合成了烷基苯磺酸（alkylbenzene sulfonates，簡稱ABS），可作為清潔劑中的主要成分。這些合成的清潔劑可以強力清除衣物及用品上的污漬，同時因其可用化工合成的方法大量生產，價格低廉；因此，迅速取代肥皂而成為家庭與工廠大量使用的日用品。這種合成清潔劑是由烷基苯磺酸與其他碳氫化物聚合而成的大分子，具有許多微生物無法分解的支鏈。因此當時由污水處理廠排放出來的放流水中，仍含有大量未分解的聚合ABS。它們流入溪流中後，經過溪水的攪動而產生大量白色泡沫浮在水面，阻隔了空氣與水的接觸；水中生存的動物因此無法得到氧氣的補充而大量死亡，造成生態上極大的衝擊。不久，人們便警覺到此種清潔劑的危害，因此設法改良此項產品。直到1960年代初期，方發明了一種不含支鏈，而全是直鏈構成的聚合ABS清潔劑。此種新聚合物仍然是優秀的清潔劑，但同時也可被微生物分解切斷。而環保與立法機構也迅速通過法案並強制禁止再製造及使用前者，必須生產與使用新型的直鏈產品，成功阻止了一場生態浩劫。這個例子說明了人們在享受現代化工業產品的便利之際，只要肯多花些心力，仍然不難在便利與環保的兩難之間找出一個雙贏的平衡點。

## 七、前景光明的「生物復育技術」

由於人為活動對環境生態產生的污染日益嚴重，靠著大自然的「自淨」能力及傳統的垃圾與污水處理技術來解決環境問題已有所不

足。因此，開發具有特殊本領的微生物，將之大量繁殖後，釋入污染地區以加速污染物的分解與處理速度來恢復原有的生態面貌，已是現在極受矚目與有發展潛力的前瞻性觀念。這便是所謂的「生物復育技術」（bioremediation）。

目前已有許多實例證實這種生物復育技術在環保上的效益。例如，1989年春季，阿拉斯加的原油污染事件，超過一千一百萬加侖的原油洩漏到阿拉斯加的威廉王子海灣沿岸，造成極其嚴重的污染。當時美國政府曾在選定地點進行「生物復育」的試驗。他們添加微生物生長營養物質至海水中，激發微生物的快速生長；同時也噴灑分解油污能力較強的微生物菌種至油污地區，以加速油污的分解。事後調查顯示，此種生物復育法確實產生了顯著的清除效果。

再以多氯聯苯為例，來看看生物復育技術如何對付具有生物毒性的污染物。多氯聯苯是一種非常安定及不可燃的有毒物質，經常被使用為變電器的絕緣物質。此種物質對人體健康的危害極大；不但造成皮膚及肝臟急毒性的立即傷害，同時進入體內也不易排出，而會致癌。當多氯聯苯逸入自然環境中後，不但非常安定不易分解，同時也會透過食物鏈進入高等生物體內。在自然環境中，微生物在好氧的情況下，可緩慢的將其上的氯原子去除，而逐漸使其毒性消失。然而，通常多氯聯苯卻存在於河川與湖泊的無氧底層污泥中；當其緩慢釋出時，便可經由食物鏈進入生物體內。一些微生物學家現已發現利用生物復育技術，可加速微生物對其去氯的效果；例如開發去氯強大的菌種，或是添加營養至污染區來激發微生物的快速生長，而使多氯聯苯在短時間之內失去生物毒性。

生物復育技術不僅可以應用在特定點的污染整治上，同時也可以配合傳統的污水處理系統，添加分解力強的改良菌種至污水池中，加速污水的分解與淨化速度。不但可以減少傳統污水處理廠的擴廠及土地成本，同時也使污水處理更具彈性。可以針對特定污染物或特定流程來開發出所需要的微生物菌種。而在使用上，菌種的添加亦非常方便，操作成本低廉。在污染日益增多而土地取得卻日益困難的未來，無疑的，生物復育法將扮演出更重要的角色。

（本文原刊於《環境科學技術教育專刊》第十三期，民國八十七年三月修訂）

# 第九章　愛炫的發光菌

　　相信許多人在夏日的夜晚都見過熠熠發光的螢火蟲在夜空中飛舞吧！您是否曾為這生物發光的現象感到不可思議而好奇呢？螢火蟲利用自身一些發光細胞的生化反應，產生了肉眼可見的螢光，用來達到傳達訊息及求偶的目的；這種生物性的發光現象我們稱之為「生物螢光」。在大自然中，除了螢火蟲外，尚有許多其他生物可發出生物螢光，例如，原生動物、真菌、甲殼類生物、昆蟲、烏賊、水母、低等植物以及細菌等。這些發光的生物中有的是靠自身細胞的生化反應而發光，有些則是靠共生的細菌來發光。發光的細菌？是的，例如科學家們發現在深海的一些魚類及烏賊身上有所謂的「發光器」，其中共生著許多發光細菌，其生物螢光就是來自這些細菌的放光。宿主的發光器提供了養分與舒適的生長環境供細菌生長，而這些共生菌回報宿主的便是發出螢光。宿主可利用滲透壓及供應的氧氣濃度來控制發光菌的發光亮度，也可用發光器特殊構造的開啟或遮掩來釋放螢光，以達到其誘捕或傳達訊息的目的。這是生物共生互蒙其利的另一例子。

## 一、發光細菌如何發光

　　生物螢光的產生是一種氧化反應，因此，必須在有氧氣的環境下方能進行。細菌細胞中會產生一種發光酵素（luciferase）及醛類發光基質，而經由氧氣與能量物質的參與，共同反應而發出螢光；此與

螢火蟲的發光反應很類似，二者不同之處在於能量的供應有所不同。
螢火蟲的發光能量來自腺甘三磷酸（ATP），而細菌的發光能量則
來自黃素單核甘酸（$FMNH_2$）。其反應式如下：

$$醛類發光基質＋FMNH_2＋氧氣 \xrightarrow{\text{發光酵素}} 酸類基質＋FMN＋水＋螢光$$

由於醛類發光基質受到氧化，反應後成為一種酸類，且$FMNH_2$亦氧
化成為氧化態的FMN，因此，這在化學反應上而言，是一個氧化及
釋放能量的過程，而釋放出的能量便是以發出螢光的形式表現出來。
事實上，自然界中（尤其是海洋中）存在著許多發光細菌，但因這些
細菌的分佈不夠密集，因此，其微弱的發光現象因亮度不夠而被我們
忽略了。而唯有當大量發光細菌聚集在一起共同發光時，才能形成我
們肉眼可以觀看到的發光現象。這也是為什麼通常只在具有發光器的
海洋動物上或密集培養的微生物培養基上，才觀察到生物螢光的原因
（發光器中聚集共生著高密度的發光細菌）。圖9-1為發光菌生長於
固體洋菜培養基上的情形，我們可以清晰的看到發出藍綠色螢光的細
菌菌落。如以棉棒沾上發光菌於固體培養基上，以趣味性的方式來接
種（如書寫或作畫）後培養，生長出來的菌落也會呈現出特殊的圖
案，並發出螢光（如圖9-2）。圖9-3則是發光細菌生長於液體培養液
中的情形，其中一瓶靜止置於室溫中一段時間，只有在含氧量較高的
表層發出螢光；而另一瓶則是經過搖盪混入空氣，因此整瓶培養液均
發出很強的螢光。這是因為細菌發光作用是一個需要氧氣的反應之
故。

圖9-1　發光細菌生長於固體培養基上，每個菌落均可清晰的觀察到
　　　　發出藍綠色的螢光，有如夜空中的繁星，非常美觀。（戴上
　　　　凱攝影）

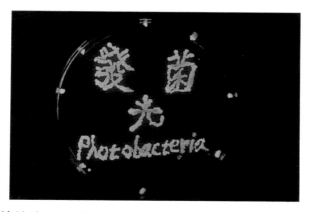

圖9-2　以棉棒沾取發光菌於固體培養基上書寫文字或畫圖，生長出
　　　　來的發光細菌就會忠實的以螢光來展示您的大作！（戴上凱
　　　　攝影）

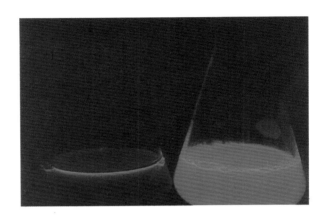

**圖9-3** 生長於培養液中的發光菌。其中一瓶因靜置了一段時間，因此只有在含氧量較高的表面發出螢光。另一瓶則經過激烈震盪，使空氣混入培養液中，則可見到整瓶液體均發出螢光。（戴上凱攝影）

## 二、發光菌的生態分佈

　　自然界中的發光細菌，除了一株與線蟲共生的線蟲發光菌為陸生細菌外，其餘的發光細菌均為海洋細菌。而該株與線蟲共生的發光細菌亦曾有報導可自病人的傷口中分離培養出，但一般並不認為發光細菌會造成傷口的病原性感染。至於海洋發光菌，其分佈則非常廣泛；自淺海至深海，幾乎所有的海洋環境中都可發現它們的踪跡；但因在海水中的發光細菌密度不高，所以其螢光不易被人們察覺而疏忽了它們的存在。

　　海洋發光菌一般的生活方式可分為四種：(1)自由浮游生存在海水

中，密度不高，以吸收海水中的有機物質維生；(2)附著生存在海洋生物體表，以海洋生物分泌的有機物質維生，例如，魚類、軟體動物、甲殼類生物體表均可分離出這些發光細菌；(3)共生於海洋動物的消化道中。許多魚類的消化道中常含有大量的發光菌，其功用與扮演的角色尚不明瞭，但這些發光菌可隨著魚類的排便而散布到廣大的海洋中；(4)共生於海洋動物的發光器內。許多深海魚類或軟體動物具有發光器用來誘捕或吸引異性交配，這些生物的發光器內共生著大量的發光細菌，宿主提供了安定舒適的生長環境與養分供發光菌維生，而宿主也可透過各種調節與控制的方式來調節光的開啟與強弱，二者之間建立了密切的共生關係，互蒙其利。

## 三、海洋動物為何要發光

與宿主共生的發光細菌通常是持續發出連續性的螢光，宿主一般則以解剖學上類似相機快門的構造來控制發光器光線的放射。在這些發光器內具有光色層組織，發光菌則生存在這些組織之間；宿主可利用肌肉的收縮來控制這些光色層組織及外部遮蓋的開啟，因此，可以達到信號的傳遞或驚嚇的目的。

一般認為發光動物的生物螢光有三個功能：(1)誘捕餌食。一些深海魚類在額上方鰭條末端，可形成皮膜發光器或在口腔內發光，可以吸引其他小動物的接近，而伺機將之吞食；這是因為深海中通常生物密度較低，捕食不易，而發展出來的以光線引誘餌食自動送上門的策略。(2)驚嚇與驅離敵人。發光器的突然發光可以造成驚嚇與轉移注意力的效果，而爭取逃脫時間，達到避免被捕食的效果。(3)對比補光掩

藏行踪。於海洋中，許多掠食者常自下方向上搜尋獵物的陰影而加以捕食，因此，許多魚類在其腹面共生著一些發光菌，於白天時藉其發光而造成對比補光，以減少陰影的效果，因此掠食者不易發現其行踪。

　　這種海洋生物發光的現象非常普遍。根據統計，約三分之二的深海魚類都共生有發光細菌，並能充分利用這些發光現象；而一般隨意採樣的海水中也幾乎都能發現發光細菌的存在。因此，發光細菌在海洋中分佈的普遍性是遠超過我們的想像的。至於我們平時為什麼並不能看到發螢光的海水呢？且讓我娓娓道來。

## 四、有趣的「自動誘導」發光現象

　　許多細菌具有偵測其細胞濃度的本領，當細菌的分裂繁殖使細胞達到某一濃度時，細菌能「感覺」到，並開始進行一些新的生理反應。它們通常是藉由分泌一種小分子的物質到環境中，當此物質累積到某一臨界濃度後，便可誘導細菌展開一些新的生理活動；我們不妨將這種小分子物質視為一種細菌的「費洛蒙」吧！這種誘導現象有人稱之為「自動誘導」（autoinduction），也有人將之稱為細胞與細胞間的互動（interaction）或對話（talking）。而事實上這種「自動誘導」現象就是首先由觀察發光細菌的發光反應而發現到的！

　　那麼到底什麼是發光細菌的自動誘導現象呢？原來發光細菌在低密度的菌液中，每個個別細胞的發光亮度都很低；但當細胞繼續分裂繁殖到達較高密度時，其分泌的小分子「自動誘導素」（可誘導發光反應）也逐漸因累積而提高濃度，於是可加強細菌發光基因的表現，

# 第十章　黑死病——中世紀的天譴？

　　十四世紀中期發生於歐洲的鼠疫在短短三年間便席捲了整個歐洲，造成三分之一人口的死亡。這個被稱之爲「黑死病」的鼠疫，在當時被認爲是神對人類墮落與所犯罪惡的懲罰。

## 一、歷史背景

　　鼠疫最早於西元542年被報導出現於地中海地區，曾造成數百萬人的喪生。在歷史記錄上，亞洲如中國、印度等地區也飽受它的肆虐。而在十四世紀中期的歐洲，始自西元1347年的鼠疫大流行，更造成了至少二千五百萬人的死亡，是當時歐洲三分之一的人口數。由於感染了鼠疫之後，會造成內出血症狀，皮膚上會出現黑色斑塊，且死亡率甚高，因此被人們稱之爲「黑死病」。當時的人們並不知道黑死病的病因，而將之歸咎於地震、行星的不正常運行，甚至屠殺猶太人的陰謀；然而更通俗的看法則是認爲這是上帝對人類墮落與所犯下罪惡的天譴。人類可以不經由直接接觸病人而染上此症；醫生戴上奇怪的面罩來診視病人卻束手無策。也因爲病人太多了，無法做出有效的隔離措施，因此在短短的三年之內，便由義大利的南方向北蔓延到瑞典及全歐洲（見圖10-1）。這次的大流行造成歐洲三分之一人口的死亡，對當時的社會、經濟、文化、人口分佈，乃至於宗教都造成了極大的影響。以英格蘭爲例，當時人口約四百萬人，於大流行的短短二

年半之間，便有超過一百萬人死於黑死病。而奇怪的是，當時擔任神職的人員死亡率更高達百分之五十（可能與照顧病人有關），因此更加深人們認為這是神的懲罰的說法。

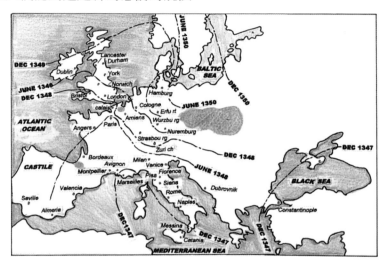

**圖10-1**　十四世紀黑死病侵襲歐洲路徑圖。從西元**1347**年年底自義大利南方登陸，到**1350**年年底的三年期間，黑死病席捲了整個歐洲。（葉心玫製圖）

此後歷史上也記載，由公元1500年至1720年間，至少發生了四十五次的鼠疫流行事件。而亞洲在十八世紀與十九世紀則發生多起流行，其中1871年始自亞洲的流行更蔓延到世界各地。其中僅印度一地，在1891年到1918年的二十餘年之間，便造成了一千萬人口的死亡。1920年以後未再發生大規模的流行，但零星的發病事件仍時有所聞。尤其在衛生環境不良、發生戰爭及人口擁擠的地區，仍有爆發黑

死病流行的可能。例如1960年代，越南地區每年便有超過一萬人死於此病。

## 二、耶爾辛與病原細菌的分離

亞歷山大・耶爾辛（Alexandre Emile John Yersin）是分離與鑑定鼠疫病原菌的最大功臣；而「耶爾辛氏鼠疫桿菌」（*Yersinia pestis*）便是紀念耶爾辛而命名的。耶爾辛於1863年出生於瑞士，他的父親是一位軍火工廠的負責人，同時也是一位業餘的昆蟲學家；然而卻不幸於耶爾辛出生前三個星期去世。

耶爾辛幼時在家中的閣樓上找到他父親遺留下來的顯微鏡與解剖用具，因而引發了他對生物學研究的興趣。在當地一位公共衛生醫師的鼓勵下，耶爾辛二十一歲時到德國的Marburg大學習醫，之後進入巴黎一家為窮人服務的醫院繼續學業；在此同時，他也從事翻譯一些德文的科學文章及解剖死於狂犬病病人的屍體。雖然他承受著課業上及實習上的極大壓力，但他仍然在巴斯德學院（Pasteur Institute）當義工。在巴斯德學院，他擔任巴斯德一位同事伊密・羅克斯（Emile Roux）的助手，由於他具有臨床醫學上的經驗，對羅克斯從事白喉與肺結核的研究有很大的幫助。

在巴斯德學院中，就在耶爾辛逐漸受到矚目之際，他卻突然對研究工作感到厭煩，他也認為醫生從病人身上得到報酬是不對的；因此他辭去工作而受雇於一艘由馬賽駛往西貢的船，擔任船醫。當時在法國控制下的中南半島地區，大多仍為未開發的地區。他對於這些地區的風土人情產生了很大的興趣；耶爾辛曾搭乘獨木舟到充滿鱷魚肆虐

的河流探險，也曾騎在象背上遠征猛虎出沒的叢林。終其一生，他都以越南爲其家鄉。他對越南的貢獻是很大的；例如，他曾創立一所醫學院、引進優良品種的牛隻、種植橡膠，以及栽培可提煉治療瘧疾藥物的金鷄納樹等。他也重新從事研究越南人常患的疾病，其中之一便是鼠疫。此疫病曾在中世紀侵襲歐洲，造成數千萬人的死亡；而法國在1720年也曾發生過一次大流行。在當時，人們並不明瞭該病的致病原因、傳染途徑以及病原細菌爲何。西元1894年，香港發生鼠疫，耶爾辛明瞭在香港有較佳的設備可供他研究此症，因此他離開越南動身前往香港。

　　在同時，一位來自日本的微生物學者——北里柴三郎，也專程自日本來到香港進行鼠疫病原菌的研究。北里柴三郎是一位極有經驗且負盛名的微生物學者，他曾在德國與頂頂大名的微生物學家柯克（Robert Koch）及范貝林（Emil von Behring）共同研究過微生物學，並曾獲頒「柏林榮譽教授」的榮銜。此時北里率領了一大隊的日本研究人員比耶爾辛早三日到達香港；英國殖民地當局將一切研究資源以及病人都交給了北里的研究團隊。耶爾辛不但勢單力薄，而且他不善於英語，因此，與英方當局也有溝通上的困難。更甚者，雖然耶爾辛與北里柴三郎都能說流利的德語，但是北里卻對他極其冷淡。或許這是因爲耶爾辛曾在法國待過；而當時的德國微生物學界（由柯克領導）與法國的微生物學界（由巴斯德領導）正處於互相競爭、關係緊張的局面。耶爾辛不得已，只好在一間簡陋的竹屋內設立他的實驗室。他賄賂處理死屍的英國水手，讓他得以從死者身上的鼠疫淋巴囊腫中探樣。就在他到達香港一星期後，他向英方當局提出了一份報

告；報告中敘述了他所分離出的一種桿菌特徵，以及他如何將此細菌注射到大鼠體內並誘發出類似鼠疫的症狀。不久，他亦證實此細菌可從一鼠傳染到另一鼠的身上。然而，直到三年後，才由巴斯德學院的另一位科學家發現鼠蚤是傳遞這病菌的中間媒介。耶爾辛發現的黑死病病原菌（現稱爲「耶爾辛氏鼠疫桿菌」）則被用來生產鼠疫疫苗；1896年生產出來的抗鼠疫血清亦正式提供世人第一劑的黑死病解方。北里柴三郎在到達香港後不久，亦正式的宣佈他也分離出鼠疫病原菌（後證實是錯誤的）。但由於北里的名氣太大，因此他也一直被世人認爲是鼠疫桿菌的共同發現人。

## 三、病原菌、病媒與鼠疫

鼠疫病原菌是一種革蘭氏陰性短小桿菌，外圍有一層具保護作用的莢膜，通常可生長在一般培養細菌的培養基上，但生長較爲緩慢。如在培養基中添加5%的血液，可有助於該菌的生長與繁殖。若以一般的傑姆沙氏染色法（Giemsa staining）作染色觀察，鼠疫桿菌的二端常會染色較深，而中央區則染色較淡，於顯微鏡下觀察類似一枚安全別針。此菌可自病人的血液、分泌物及淋巴囊腫中分離出來；而帶菌的動物（如鼠類）及鼠蚤體內亦可分離出此病原菌。

許多哺乳類動物均可被鼠疫菌感染，而在自然界中，齧齒類動物（如鼠類）則是其最主要的宿主。通常以鼠蚤爲其病媒昆蟲，透過鼠蚤的咬嚙，此病原菌可在許多野生鼠類族群中造成感染。不同種類的哺乳類生物對鼠疫的抵抗力會有所不同，例如，澳洲產的一種有袋鼠類「kangaroo rat」可完全不受到感染，而其他鼠類如土撥鼠、家

鼠等則極易被感染；人類則屬於可中度感染的物種。此外，同一物種的每個個體對鼠疫菌的抵抗力也會有所差異。

當帶菌鼠蚤咬嚙人類之後，鼠疫桿菌進入體內開始侵襲，病徵約在2～7日中發作，造成發高燒、肌肉疼痛、全身感覺冷而顫抖、鼠蹊部位與腋窩處疼痛，淋巴結也會腫大形成囊腫，稱之為「腺鼠疫」。如無適當治療，淋巴囊腫會化膿與壞死，病原菌並透過血液與淋巴系統侵襲身體其他組織，例如肝臟、脾臟、肺等。一旦侵入肺臟，則病原菌便可由咳嗽而釋放到空氣中，經由飛沫傳染給他人，傳染性極高，稱之為「肺鼠疫」。而這些侵入組織的病原菌會產生破壞組織與細胞的毒素，造成微血管破裂形成內出血，皮下會出現黑色斑塊，因此被稱之為「黑死病」。病人往往死於肺部感染所造成的肺衰竭及呼吸困難。有關鼠疫病原菌的傳染途徑可見圖10-2。當黑死病一旦由腺鼠疫轉化成肺鼠疫時，其傳染能力大增，因此在短時間內便能造成大規模的流行。

腺鼠疫的病媒是鼠蚤，當鼠蚤吸食帶菌宿主的血液後，鼠疫病原菌便開始在蚤的胃部大量繁殖，直至整個胃部充塞滿了病原菌為止。當此鼠蚤再次吸時血液時，這些病原菌便會逆流進入新宿主的血液中，造成感染。另一方面，蚤胃因被大量病原菌塞滿而妨礙養分的消化與吸收，因此蚤的飢餓感會逐漸增加，而增加咬嚙宿主吸食血液的次數；最終會因無法吸收養分而飢餓或脫水致死。當在適當的溫度與濕度下，鼠疫菌也會分泌一種血纖維蛋白溶解酵素，幫助蚤胃中血液的消化，使結塊的含菌血液得以溶解暢流，而使蚤回復到能正常吸食的狀態。

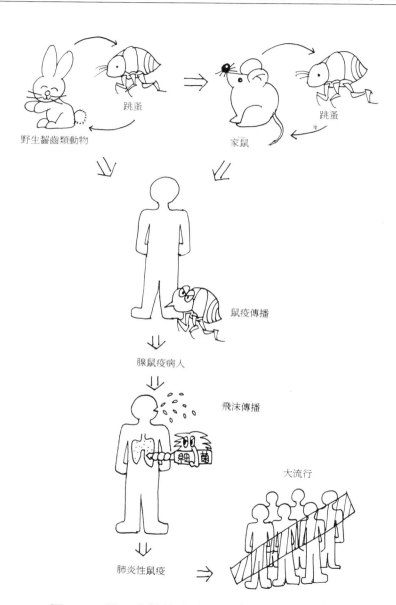

跳蚤

野生齧齒類動物

家鼠

跳蚤

鼠疫傳播

腺鼠疫病人

飛沫傳播

細菌

大流行

肺炎性鼠疫

**圖10-2　黑死病的傳染途徑。（葉心玫製圖）**

## 四、現況與控制

　　始自1891年印度的鼠疫流行之後，黑死病便向世界各地逐漸蔓延。而近代因國際間交通頻繁，更使鼠疫得以有機會在短時間內漂洋過海，增加其傳染的速度與機會。雖然如此，但是大規模的流行卻已不復見，而代之以偶發性的少數個案感染；其主要的原因一方面是衛生情況的改善以及海關的實施檢疫措施，另一方面則是抗生素的發明與治療能有效的遏止鼠疫桿菌，而不像以往一樣，束手無策或是採用一些不科學的治療方式。

　　在黑死病的流行史中值得一提的是，美洲新大陸從未發生過大規模的流行。在中世紀時代，運貨物的帆船將感染的老鼠由亞洲引入歐洲，因此造成歐洲的大流行與浩劫；然而早期由歐洲駛往美洲的旅途非常長，因此船上即使藏匿有帶菌的鼠隻，也往往無法久耐長達數月的航程而死亡，因此美洲一直倖免於黑死病的蹂躪。但自從發明了蒸汽船之後，大大縮短了由太平洋及大西洋駛往美洲的航行時間，因此在1894年香港爆發鼠疫之後十年間，北美洲的舊金山與南美洲阿根廷的布宜諾斯艾利斯，均出現了鼠疫的病例。幸運的是，當時正處於微生物學發展的「黃金時期」，微生物學家們比大災難的發生早了一步採取行動。他們小心翼翼的監視著世界各地的鼠疫流行病情，於海關設立了嚴格的檢疫措施，使得黑死病始終未能在新大陸造成大規模的流行。

　　如今鼠疫病原菌仍在一些野生齧齒類動物族群中流行，並且可能永遠無法將之徹底清除。但其對人類的威脅已不復當年，尤其是在衛

生情況良好的地區，僅會零星的造成人類一些偶發病例。例如美國於1993年間，僅出現10個鼠疫病例。然而，今日也由於鼠疫病例的罕見，因此，很少醫師能正確而快速的辨識出它的症狀而延誤了治療時機，因此腺鼠疫的死亡率仍高達20%。鼠疫的診斷除了由病徵上判斷外，通常可由病原細菌的分離培養，並輔以染色及血清免疫學的反應來鑑定病原菌，進而以抗生素治療來控制病情；只要對症下藥，通常治癒率很高。而最有效的預防方法便是保持良好的環境衛生，使鼠類無法滋生。目前也有鼠疫疫苗供應，通常供一些在高風險鼠疫疫區工作的人員使用，例如生物學家、地理學家等。

## 五、結語

　　黑死病在中世紀曾是歐洲的頭號殺手，令人聞之喪膽，造成大量人口的死亡；對人類社會、經濟、文化甚至宗教都產生極大的衝擊。感謝一些先賢微生物學家們，由於他們的努力，逐漸揭開了黑死病的神秘面紗，使得後人得以有效的預防與治療這個疾病。如今對許多人而言，黑死病只是一個遙遠的歷史名詞，但在回顧人類歷史時，這些為人類福祉而與此疾病奮鬥的微生物學者，也特別令人緬懷與感念。

（本文原刊載於《科學月刊》第二十八卷第十期，民國八十七年三月修訂）

# 第十一章　漫談食物中毒

　　西元1692年秋末，現今美國麻州沙崙村（Salem Village）的許多少女陸續發生「中邪」的現象，這些少女出現神智不清、肌肉抽搐、身體產生被撕裂般的痛楚、幻覺等症狀，有些人亦出現暫時性目盲、耳聾以及無法言語。當時的人們認為這些少女是受到巫術蠱惑，最後竟被判以火焚處死的極刑。而近代的1951年8月，法國郊區的一個小村莊亦發生類似的情節；三百餘名居民發生上述症狀，並造成五人死亡。這些村民出現痙攣、幻覺、行為異常等症狀，有人從屋頂上向下跳、有人認為被老虎追趕、也有人聲稱見到死神行走；街上充滿了尖叫的民眾，甚至連貓狗等寵物也出現怪異行為。貓被描述成狂暴、扭曲的試圖爬上高牆；狗則不斷的向空中躍起，並試圖咬碎石頭，雖至滿口鮮血也不停止；而鴨群則有如企鵝般的行走，並聲嘶力竭的叫喊至死。這是何等狂亂又恐怖的景象啊！

　　經過考證，上述的二個例子均是一種俗稱為「聖安東尼之火」的食物中毒病症；此症曾廣泛的流行於中世紀的歐洲。這是由於吃食了被一種麥角菌污染的穀物食品而產生的「麥角素中毒症」（ergotism）。而其他如誤食毒菇、重金屬中毒、農藥中毒、肉毒菌中毒、金黃色葡萄菌毒素中毒……等食物中毒事件，也經常發生在我們周遭。往昔由於環境衛生不良，因此經常發生經由飲食而導致的疾病或中毒事件；但隨著經濟水準的提高與環境衛生的改善，如今食

物中毒事件已大爲減少。但是民以食爲天，如何避免「病從口入」仍
是值得大家重視的問題。

## 一、什麼是食物中毒？

　　一般而言，經由飲食而導致的疾病可分爲二大類：中毒性疾病與
傳染性疾病。中毒性疾病是因爲食物中含有危害身體的毒素，它們直
接造成吃食者身體上的傷害；而傳染性疾病則是吃食了遭受病原微生
物污染的不潔飲食，因微生物在我們體內生長與繁殖而引發症狀。傳
染性疾病的種類繁多，且各有其症狀與致病病源，於此暫且不表。本
章節將以介紹中毒性疾病爲主。

　　由於現代化社會型態與結構的改變造成外食人口的大量增加，許
多食物中毒事件往往造成數百甚或數千的病例，因此廣受矚目，也是
新聞媒體的熱門報導對象。一般的食物中毒可區分爲化學性食物中毒
與生物性食物中毒二大類。前者是由諸如重金屬、農藥、殺蟲劑、多
氯聯苯……等毒性化學物質污染飲食而造成；而後者的生物性食物中
毒，則可依毒性物質的來源分爲植物性毒素中毒、動物性毒素中毒、
及細菌性毒素中毒。詳細區分如圖11-1。

## 二、化學性毒素

　　在食品製造過程中，如果原料或生產流程遭到化學毒性物質的污
染，便可造成食用者身體上的危害。例如蔬果之施用農藥如未依規定
劑量或採收時間而摘採販售，便會有農藥殘留問題發生。再例如民國
六十八年的食用油遭多氯聯苯污染事件，受害者多達數千人；這是由

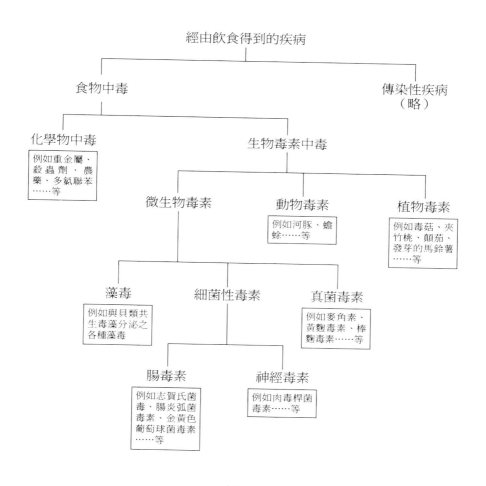

**圖11-1**

於在食用油製造過程中不慎遭到加熱用的熱媒——多氯聯苯洩漏的
污染，以致造成食用民眾身體上極大的傷害，甚至禍遺子孫生出有缺
陷的畸形幼兒，是我國近代化學性食物中毒上的一個慘痛案例。這些

化學性毒素造成的食物中毒，依污染量的多寡可區分爲急性中毒與慢性中毒。通常食品遭受的化學毒物污染量並不會太大，因此較少發生急性中毒；較常見的則是因長期食用污染食品致使毒性化學物累積而產生的慢性中毒。這些慢性中毒通常較不易判斷中毒原因，需要長期追蹤與研究調查才能確定污染原因。

## 三、植物毒素與動物毒素

　　自然界中的一些生物爲了避免被捕食，因此在其細胞與組織中存有毒性物質或利用腺體分泌毒性物質；通常這些毒性物質是一些二次代謝產物。當人們誤食了這些動植物後，便會產生中毒症狀。一般市場販售的食物是人爲篩選及選種後飼育或栽培的動植物，極少會發生此類中毒事件。通常此類中毒事件大多是發生於人們野外採食時，誤將有毒生物判斷爲可食物品而造成的。例如，毒菇、夾竹桃、海芒果、顚茄、毒扁豆……等植物體內含有對人類有害的天然毒素或可影響生理反應的植物鹼，而吃食過量發芽的馬鈴薯也會造成中毒現象。在有毒動物方面，例如河豚內臟及生殖器官含有河豚毒素，處理不當會造成嚴重的中毒反應，因此日本人有「拚死吃河豚」之說。而近年本省也曾發生民眾因食用蟾蜍而導致中毒死亡的不幸事件。事實上，此類食物中毒事件的預防極爲簡單，只要不去亂食用不認識的野生動植物便可避免。

## 四、藻毒

　　一些海洋性的渦鞭毛藻類，常會在夏季水溫較高時，於河口附近

或沿岸處大量滋生繁殖；因其細胞內含有紅色色素，而使海水呈現紅色，故被稱爲「紅潮」。這些渦鞭毛藻類也常會共生於海洋濾食性貝類體內（例如西施舌等蚌類或牡蠣等）。這些共生藻類有些會產生對人類有毒的神經性毒素（尤其是紅潮發生時），稱爲「貝毒」。貝毒雖稱爲「貝」毒，實際上卻是由藻類產生的一種藻毒。此毒素是一種能阻斷神經傳導的神經性毒素，能造成呼吸與心臟的衰竭而死亡。貝毒對熱極爲安定，一般的烹飪並無法破壞此毒素，且目前並無有效的解毒劑，往往造成誤食民眾的死亡。例如民國76年，本省東港曾發生民眾吃食西施舌貝類造成多人中毒死亡的不幸事件；事後也證實了此事件的元凶就是共生於西施舌體內渦鞭毛藻分泌的貝毒。要避免貝毒的感染，應選用未遭受污染的海產貝類；尤其應避免食用紅潮發生地區的貝類。而水產養殖戶平時則應注意水質的控制，避免因水質惡化而導致渦鞭毛藻的滋生繁殖。不幸遭受污染的貝類，若能移置於清潔水域內，經過一段時間（一個月以上），也可逐漸去除其體內的貝毒。

## 五、眞菌毒素

許多眞菌會產生一些毒性物質，稱爲眞菌毒素。這些毒素有的具有致突變或致癌性，有些則可直接造成吃食者器官的中毒與損傷；其中最廣爲大眾熟悉的就是「黃麴毒素」了。黃麴毒素不但能直接造成肝臟的損傷，同時也會造成我們遺傳物質的DNA產生突變與細胞轉形，而導致癌症，是國人肝病變中重要的殺手。由於本省地處亞熱帶，氣候溫暖而潮濕，許多食品都是眞菌生長的良好溫床；尤其是一

些長期貯存的穀物類、黃豆、花生、玉米……等，遭受眞菌污染的情形極爲嚴重。國人肝癌比例的偏高固然與B型肝炎有關，但平時食品遭受黃麴毒素污染亦是有相當大的關聯的。此外，於本章一開始曾舉了兩個麥角症中毒的例子，也是因爲吃食了遭受麥角菌污染的穀物類製品而造成的。麥角毒素可造成非自主性肌肉的收縮（例如子宮肌的不正常收縮，而導致懷孕婦女的流產），也可阻斷交感神經傳導及影響中樞神經系統，而出現幻覺、怪異行爲、暫時性失明及耳聾等症狀。在民智未開的先民社會中，被認爲是中邪或受到巫術影響就不足爲奇了。麥角素的核心成分是一種類似LSD（lysergic acid diethylamine，麥角醯乙二胺）的物質，而這LSD正是1960年代嬉皮時期所流行的一種迷幻藥，俗稱爲「天使塵」（angel dust）。此迷幻藥不但能使服用的人產生暫時性不可預期的幻覺，因而容易造成意外事故；同時在LSD長期影響下，也會造成腦的永久性傷害及慢性心理或情緒上的疾病。

## 六、細菌毒素

　　造成細菌性食物中毒的毒素可能事先即已存在於食物中（如金黃色葡萄球菌毒素及肉毒桿菌毒素），或吃食之後病原菌於消化道內繁殖產生（如志賀氏菌毒素、弧菌毒素等）。這些造成食物中毒的細菌性毒素可歸納成二大類：

　　1.神經性毒素——此類毒素中以肉毒桿菌毒素最具代表性。肉毒桿菌是一種性喜厭氧（無氧）環境生長的細菌；當環境變得不適合生長時，它可產生一種對高溫、乾旱及化學藥物極具耐性的內孢子，以

渡過此不良環境。一旦內孢子落入適宜環境，便可重新萌發而生長繁殖。此菌只能在無氧的環境下生長，因此常出現於遭受污染的罐頭、瓶裝食品、真空包裝食品及大塊食品的內部。最可怕的是，此菌會分泌一種毒性極強的肉毒桿菌毒素。此毒素也是目前我們人類已知毒性最強的化學物質，其毒性遠超過一般熟知的砒霜或氰化物。根據動物實驗的發現與估計，只要$10^{-8}$公克（即億分之一公克）即可造成一個成人死亡；換言之，一百公克的純肉毒桿菌毒素足以毒死全世界的人類而有餘呢！若不慎食入遭受此毒素污染的食物後，毒素會侵入肌肉與神經纖維的交接處，阻斷乙醯膽鹼（一種神經傳導的化學物質）的釋放，而造成肌肉衰弱、視覺模糊、頭暈、呼吸困難，最後肌肉麻痺而死亡。此菌在罐頭內生長時，會產生大量氣體，而使得罐頭二端產生膨脹現象；因此當我們發現罐頭膨脹變形時，千萬不可冒然食用，以策安全。

2.腸毒素——此類毒素主要影響消化道，造成腸細胞液滲出及微血管破損，因此往往會產生下瀉與血便的症狀；此外也會伴隨產生嘔吐、頭痛及腹絞痛等。這類毒素有的是先存在於食物中（如金黃色葡萄球菌毒素），也有的是吃食了含病原菌污染的食物後，病菌在腸道中繁殖產生的（如志賀氏菌毒素、弧菌毒素等）。這些食物中毒多是由於食品處理不當或貯存不當而導致的。例如，原料遭受污染、食品在室溫下放置過久、冷藏溫度不夠低、烹調過程不當（溫度不夠高、時間不夠久、熱度不均勻）以及食品處理人員衛生習慣不良等等。至於消費者的個人衛生習慣也非常重要，飯前洗手、慎選用餐地點及食品，均可有助於避免此類的食物中毒發生。

## 七、結語

　　我們常說「病從口入」，食物中毒的最主要傳染來源就是我們的
日常飲食。本省地處亞熱帶，又為四面環海的海島，氣溫與濕度都極
適合各類微生物的滋長；因此，在食物原料與成品的保存上都要特別
注意。除了平時注意吃食的安全外，也要充實有關食物選材、料理、
烹調以及保存的常識，勤加注意，以避免因微生物污染而產生食物中
毒。

# 第十二章　牛也瘋狂的狂牛病

　　1996年3月21日英國泰晤士報（The Times）的一則有關英國狂牛病（mad cow disease）的報導引起了全球民眾的矚目與恐慌，一時談牛色變，許多國家紛紛禁止英國牛肉製品進口，英國的學生營養午餐也停止供應牛肉製的漢堡，而學者專家更是大聲呼籲與警告民眾要慎選牛肉製品。到底什麼是狂牛病？它對我們人類的威脅有多大？本章即將從其病原、傳染途徑、引發的症狀，以及對人類的威脅作一綜合性的介紹。

## 一、什麼是狂牛病

　　狂牛病是英國新聞界所創造出來的名詞，它的正式名稱應該是「牛海綿狀腦病變」（bovine spongiform encephalopathy, BSE）。當牛隻感染了此病症之後，會導致腦組織的病變與退化，形成類似海綿狀的空洞，並出現行為不正常的現象，因此被俗稱為狂牛病。其實早於1986年，英國就已證實了第一個病例，而一般相信此病於1985年即已發生在英國的漢普夏（Hampshire）。於1990年時，英國罹患狂牛病的牛隻約只有二萬頭，但到了1995年初時，英國證實感染此病的牛隻已高達十五萬頭。

　　如果說狂牛病僅是在牛隻之間的一種傳染病，則其對人類的所造成的危害也將僅止於經濟上的損失而已。然而事實不然，目前有許多

證據顯示狂牛病的病原也可造成其他動物的病變。例如餵食病牛製成寵物罐頭食品的家庭寵物及動物園的動物已有發病的例子出現（如貓、羚羊、鴕鳥等）。而在實驗室中，也證實八種實驗動物接種病原後，有七種會產生症狀。因此該病原如能造成人類的感染，則對我們將是一項極大的威脅。目前科學界雖然僅有一些間接的證據顯示此病原能造成人類的感染，但這些間接證據以足使我們怵目驚心而不敢輕忽它的潛在威脅。

　　牛感染此病原後通常不立刻發病，而是經過一段相當長的潛伏期（20個月～十餘年）才發病。病發時首先出現的症狀是容易受驚嚇，同時會遠離其他牛群，且出現行動笨拙蹣跚；而受驚時，則出現極度恐慌的表現。其次，其泌乳量會急遽減少、體重減輕、產生肌肉痙攣、全身顫抖，並出現怪異行為；即使只是輕微的拍觸，病牛也會驚狂的跳起來。最後，牛隻全身搖晃、暈倒，以至於無法站立而死亡。目前對此病尚無任何有效的治療方法，且由於宿主對病原不會產生抗體或免疫現象，因此，一般的血清學檢驗法亦不能適用於此病的病原檢驗。對此病唯一的確認方法就是由症狀上判斷及牛隻死亡後取腦組織作切片檢查。

　　那麼造成狂牛病的病原到底是什麼？根據科學界一般對生物的認定，一個生物必須含有核酸等遺傳物質，方能進行自身的複製與繁殖。但是令生物學家感到困惑的是，造成狂牛病的病原竟然是一種只含有蛋白質的物體，到目前為止，所有的研究都無法自此病原中找到含有核酸的存在。因此科學界將此病原命名為普恩蛋白（prion protein）；而prion一詞是取自英文全名proteinaceous infectious particle（蛋白質狀感染顆粒）加以修飾後的縮寫。有關普恩蛋白的特性與致病性在此暫且不表，本文的最後將再做詳述。

## 二、由吃葷的牛論狂牛病的起源

　　如前所述，狂牛病的第一個病例被證實於1986年，而在1985年以前亦從無狂牛病的記錄；因此，這是牛的一個新傳染病。爲何這個疾病在二十世紀的八十年代突然出現？這是大家所深感到興趣的。目前科學界雖無十足的定論，但所有的大多數證據均認爲這是一種羊隻的「搔癢症」（scrapie）跨越物種而傳染到牛身上的。

　　羊的搔癢症在英國及歐洲至少有200年以上的歷史；當羊感染此症時，通常會全身發癢而在圍籬上用力搔癢而得名。其病原（普恩蛋白）會逐漸侵襲羊的中樞神經系統而造成腦組織的退化，並使腦組織出現許多空洞而呈海綿狀。當然，病羊的最後命運也是走向死亡之途。令人好奇的是，長期以來羊的搔癢症似乎只侵犯羊，而與牛隻井水不犯河水；但爲何到了現代卻突然出現在牛隻的身上？原來，現代的人類爲了促使乳牛多產乳汁，因此大量補充「動物性蛋白質」到乳牛的飼料中；而這些動物性蛋白質的來源則是前述得了搔癢症被撲殺的病羊。英國牧人爲了充分利用這些病羊，而將之撲殺後乾燥磨粉製成所謂的「飼料蛋白質」用來添加到乳牛的飼料中，因此普恩病原蛋白終於有機會跨越物種而進入牛的族群，並因此而產生了一種牛隻全然新的疾病，「狂牛病」。

　　同樣的，當被污染的病牛被其他的動物吃食之後，使得普恩病原蛋白也有機會更進一步進入其他的物種族群之中。例如，目前已有報

導指出貓會從吃食被污染的寵物罐頭食品而罹患海綿狀腦病變，而也有動物園的動物因吃食遭污染的飼料而得病（羚羊、鴕鳥等）。此外，實驗室的證據更進一步指出普恩病原蛋白確能造成許多動物的感染及發病；那麼我們人類是否能倖免於難呢？牛本來應該是吃草的素食動物，而人類為了增加其泌乳量，竟然強迫乳牛改變食性，終於闖出了大禍。然而這種餵食家畜「動物性蛋白質－的現象普遍存在於所有的國家，並不限於英國。以美國為例，一般病死牛多被製成動物飼料；其中14%用來餵牛，50%餵豬及雞，其餘的則進入家庭寵物的胃中。這種魯莽的行為所造成的後果及代價將是不可預期的，豈可不慎！

## 三、狂牛病與人類庫雅病的關連及威脅

　　人類本身也有一種海綿狀腦病變疾病，稱之為庫滋菲爾雅各病（Creutzfeldt Jakob disease, CJD），簡稱為「庫雅病」。庫雅病通常發生在人類的年老族群中（平均發病年齡為63歲）；其中約有15%可能是由遺傳因素而得到的，其餘的來源因子則並不完全詳知，但已證實有人是因為注射了萃取自人腦垂體的生長激素而得病。目前已知庫雅病亦是由感染一種普恩病原蛋白而致病，但其潛伏期非常長，最長可長達三十年以上。庫雅病的症狀與狂牛病類似，都是造成宿主腦組織的病變與退化，並因而發生心智喪失、失明、失語、肌肉痙攣與麻痺，最後死亡。

　　此外，另一很有名被稱為「古魯症」（Kuru）的人海綿狀腦病變疾病在1950年代以前曾盛行於新幾內亞的一個食人部落。該部落的

習俗是將死亡的親人遺體分而食之以誌不忘，因此造成古魯症在該部落廣爲流行。然而隨著政府頒佈禁食人肉的禁令，古魯症在該部落便逐漸消失而絕跡。而古魯症給我們的啓示便是，普恩病原蛋白所造成的海綿狀腦病變，確可經由飲食或密切接觸而在人類族群中傳染，但是也是可以預防及根除的！

　　至於庫雅病的病原是否與狂牛病相同？二者之間的關連又爲何？則仍有待科學家們進一步的證實；但目前的資料則發現二者是有非常高的相關性。例如從統計上發現，經常吃食牛肉的人其罹患庫雅病的機率是不吃牛肉者的十三倍。此外，英國政府最近調查十個疑似因吃食狂牛病病牛肉而罹患庫雅病的病人發現，這些患者的罹病確與狂牛病有著相當高的關連；而他們的平均發病年齡爲27歲，遠低於一般庫雅病的平均發病年齡（63歲）；其中一名現年二十歲的病患並已於1996年八月不幸病逝。因此，狂牛病對人類的威脅應是無庸置疑的。事實上，英國政府對此結論早已知之甚詳，但是爲了深怕打擊英國的畜牧業與乳品業，因此刻意隱瞞此項事實達十年之久。而在這十年之中，無數遭受污染的牛肉、肉製品與乳製品流入世界各地。雖然各國政府於1996年事件爆發後紛紛宣佈禁止英國牛肉製品的輸入，但是其中卻有相當多的產品不是以肉製品的面貌出現在市場上的。例如從牛骨萃取的動物膠（gelatin）是許多食品的添加物（如布丁、蛋糕等），甚至連病人吃的藥物膠囊也含有動物膠。因此，此事件對人類影響的層面可能要遠比表面上看到的深遠；此外，普恩病原蛋白在人體的潛伏期很長（數年～數十年），未來逐漸浮現出來的問題是可以預期的。

## 四、什麼是普恩蛋白

　　前述的狂牛病、羊搔癢症、庫雅病及古魯症等均是由一種病原型的普恩蛋白所感染而致病的，且均為致命性的。一般傳統的傳染病病原均是微生物，它們侵入宿主體內進行複製繁殖並造成宿主的病徵；因此這些微生物均是有生命的生物。然而，普恩蛋白卻是一種只具蛋白質的顆粒，它不具有任何核酸的遺傳物質（DNA或RNA），因此，它在宿主體內是如何複製與繁殖，一直是科學家所感到不解與困惑的。一直到了1994年以後，科學家才逐漸揭開了這種神秘「非生物病原」的面紗。

　　原來許多動物細胞內均有製造普恩蛋白的基因，例如人類的普恩蛋白基因即位於第20號染色體上；而這基因所製造出來的「正常」普恩蛋白（稱之為PrP）通常位於神經細胞的細胞膜上，其真正功能尚不明瞭。然而科學家在研究羊搔癢症時發現，病羊的普恩蛋白結構與正常的PrP不同，而是一種不正常型態的病原普恩蛋白（稱之為PrP$^{sc}$）。如果將這種不正常的病原普恩蛋白PrP$^{sc}$注射到健康羊隻身上，則會導致健康羊體內大量表現出普恩蛋白，並且其中有若干比例的普恩蛋白是不正常型的。其誘導的方式尚不完全明瞭，但目前有二種假說：其一認為不正常的PrP$^{sc}$會與正常的普恩蛋白接觸，並促使正常的普恩蛋白發生重新折疊的現象，而重新折疊的蛋白就成為不正常型的PrP$^{sc}$，其作用有如原子彈中的中子連鎖反應。而另一種假說則認為PrP$^{sc}$會導致製造正常普恩蛋白的傳信者RNA（mRNA）發生改變，因此所製造出來的新普恩蛋白均成為不正常型的PrP$^{sc}$病原蛋

白了。

目前尚無有效的治療藥物來對抗病原普恩蛋白的感染，同時也無證據顯示病原普恩蛋白能使宿主產生免疫反應；因此，一般常用的血清學檢驗也對之無能為力，更遑論發展疫苗了。但是，即使在此不利的情況下，科學家們並未絕望，仍然想設法找出對抗普恩症的藥物。例如有人提出構想發展出一種可置入病原普恩蛋白$PrP^{sc}$三度空間結構中的化合物，使得該蛋白結構穩定而無法發揮其誘導正常型蛋白轉型的功能，而達到遏止其繼續「複製」或「繁殖」的效果。也有人認為可將普恩蛋白的反義基因（antisense gene）送入腦部，以達到抑制該基因表現的功用。當然，此舉是否會影響神經細胞的正常功能則仍有待更多的實驗來加以證明。

## 五、結語

普恩病原蛋白所造成的海綿狀腦病變是一種致命性的疾病，而經由許多科學家的努力也證實了其病原是一種不含核酸的蛋白質「非生物」。目前雖尚無有效的治療方法，但假以時日，相信我們是有克服它的一日。然而值得我們人類警惕的是，企圖改變大自然規律所帶來的後果卻往往是我們所不能預期的。普恩病原蛋白由羊搔癢症跨越物種而造成的狂牛病能給我們人類帶來什麼樣的教訓？而我們從其中又能得到什麼啟示呢？

（本文原刊載於《科學月刊》第二十八卷第一期，民國八十七年三月修訂）

# 第十三章　趕流行的流行性感冒

　　相信大家都曾患過流行性感冒，而每一次得了流行性感冒，重則要在床上躺上一星期，輕則也會全身不舒服個三五天，一些抵抗力弱的老人、幼兒或病患甚至還會引發併發症而死亡。到了醫院，醫生通常也只建議多休息、多飲水，並無有效的藥物治療。大家或許會覺得奇怪，爲什麼流行性感冒會經常反覆的流行，卻沒有有效的預防疫苗？而康復後也不能保證對下次的流行有免疫力？本章就讓我們來看看這個永遠在趕流行又善變的「流行性感冒病毒」吧！

## 一、流行性感冒簡介

　　流行性感冒是一種人類常見的呼吸道感染病症；症狀通常是發燒、全身肌肉酸痛、頭疼、咽喉發炎，偶而出現咳嗽及虛弱等症狀。嚴重時則會出現細菌性的併發感染而造成死亡。一般而言，流行性感冒的死亡率並不高，通常在1%以下；但因其傳染速率極快，往往在短時間內造成大量人口的感染，因此每年死亡的人數也相當多。此外，感染流行性感冒會引起身體不適，往往需要臥床靜養數天方能痊癒，因此對於工作的生產力影響極大，是人類的重要傳染病之一。

## 二、流行性感冒有別於普通感冒

　　一般人常對於流行性感冒與普通感冒感到混淆，二者究竟有何不

同呢？雖然二者在某些症狀上有類似的地方，但在症狀的輕重上、發生頻率上、以及致病病原都有所差異。下表13-1列出二者的一些主要特徵及其比較，將有助於大家對此二者的分辨。

**表13-1**

| 症　狀 | 普通感冒 | 流行性感冒 |
|---|---|---|
| 發燒 | 少 | 常見(39～40°C) |
| 頭疼 | 少 | 常見 |
| 身體倦怠及不適 | 輕微 | 常見且較嚴重 |
| 流鼻涕 | 常見且量多 | 較不常見，量較少 |
| 喉痛 | 常見 | 少 |
| 嘔吐／腹瀉 | 極少 | 常見 |
| 病原 | 鼻病毒 | 正黏液科病毒 |

## 三、流行性感冒病毒

　　流行性感冒病毒可分為A、B、C三型；它們均為正黏液病毒科（Orthomyxoviridae）的一員，這是由於該類病毒均能侵襲呼吸道的黏膜之故而得名。圖13-1為流行性感冒病毒之電子顯微鏡照相圖。病毒的遺傳物質為由單股核醣核酸（RNA）構成的基因組（genome），且其基因組常有「分節現象」（segmentation）。A、B二型各有八個分節，C型則有七個分節。在其RNA上結合有核蛋白（nucleoprotein, NP），其外覆有類似膜狀的套膜。此套膜的

基層由一層基質蛋白（matrix protein、MP）構成，外層則是磷脂類構成的典型雙層膜狀構造；套膜上並有二種主要的抗原蛋白突起物，即血球凝集素蛋白（hemagglutinin, HA）與神經胺酵素蛋白（neuraminidase, NA）。圖13-2為一典型流行性感冒病毒的模型圖。我們對流行性感冒病毒的分類與亞型的命名便是依據這三種蛋白質的特性（MP,HA,NA）而訂出的。病毒通常為圓形，但也有時會呈現不規則狀甚或線狀。

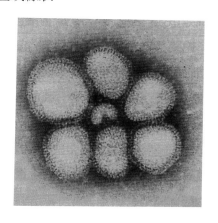

**圖13-1　流行病感冒病毒之電子顯微鏡圖。（本插圖取材自：Micro-biology, Concepts and applications, Pelczar _et al_., 1993. McGraw-Hill, Inc.授權轉載）**

　　病毒是經由病人打噴嚏或咳嗽噴出的飛沫而傳染給他人的。吸入後，病毒便會附著到氣管表面的黏膜上；藉由病毒表面上的血球凝集素蛋白（HA）之助，緊密結合到宿主細胞上。再經由套膜與宿主細

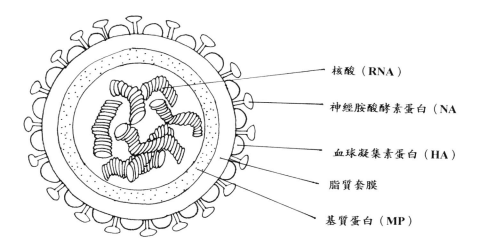

核酸（RNA）

神經胺酸酵素蛋白（NA

血球凝集素蛋白（HA）

脂質套膜

基質蛋白（MP）

**圖13-2 流行病感冒病毒之模型圖。（葉心玫製圖）**

胞膜的癒合作用（fusion）或直接經由胞噬作用（endocytosis）而
進入宿主細胞。其RNA在宿主細胞內一方面製造病毒蛋白，一方面
複製另一股cRNA作為模版，開始大量複製新病毒的RNA；其次，
新病毒RNA會與病毒蛋白結合，並陸續從宿主細胞表面以「出芽」
的方式離開。脫離宿主細胞時會順便帶走一片宿主細胞膜（其上已附
有病毒蛋白，如HA,NA等），而此順便帶走的細胞膜就成為所謂的
新病毒的「套膜」了。

## 四、為什麼不打預防針

當我們感染病毒或細菌後，體內通常會針對這些外來微生物表面
的蛋白質（即抗原）產生可與之結合的抗體；而當下次在感染相同的

病原時，此抗體便會與之結合，而使此病原微生物不活化且易於被我們體內的白血球所吞噬消滅掉；此即一般所謂的免疫原理。而預防注射便是設法做出一些不活化的病原微生物（可能為死的，也可能為活的）或其表面蛋白的疫苗，將之注射到體內去誘發抗體的產生，來增強我們對抗某一疾病的抵抗力。現在有許多的疾病都可用預防注射疫苗的方式來達到預防的效果，例如小兒麻痺症、白喉、破傷風……。有些疫苗注射後會產生終生免疫的效果；有些疫苗的效期則有限，每隔數年必須追加注射，以便使我們對該病的免疫力維持在一定的水準之上。因此預防注射是我們人類醫藥保健上很重要的一件工作。

　　如前所述，既然流行性感冒會造成人類的大規模感染，為什麼科學家不去發展疫苗來作預防注射呢？答案是，有的。科學家們為了對抗流行性感冒的確已做出了預防注射的疫苗，但是其應用效果卻很有限，而無法作大規模的普遍施行。為什麼這個辛苦開發出來的疫苗成效不彰呢？原來，流行性感冒病毒是一種「善變」的病毒，它經常會改變其套膜上HA與NA蛋白的結構。例如，某次流行的病毒表面蛋白是H1N1型，而下一次流行時其表面蛋白可能已經改變成H3N2型了；因此，科學家好不容易才製造出來對抗H1N1的疫苗，對於下次流行的H3N2型卻毫無用武之地！此外，注射疫苗後產生的免疫力也只能維持一、二年，無法產生長期預防的效果。以上種種都是造成不能用預防注射來預防流行性感冒感染的原因。目前醫藥界則建議一些高風險的人於每年流行季節之前施以預防注射，例如六十五歲以上老人、罹患長期肺部慢性疾病者以及醫生護士等醫療人員。

## 五、我變，我變，我變變變

流行性感冒病毒會經由二種巧妙的方式來改變其套膜上的表面蛋白結構，因此可以有效逃避宿主的免疫反應：

1.抗原漂移（antigenic drift）──一個生物細胞在複製其核酸遺傳物質時（DNA或RNA），最重要的就是要能精確而無錯誤的將其上的密碼忠實的複製，並傳給下一代。一般以DNA為遺傳物質的生物是以DNA聚合酵素來進行其DNA的複製工作；為了確保複製的精確無誤，DNA聚合酵素不但能高效率的進行聚合複製，同時也具備「校讀」（spell-checking）的功能。它可以自行偵檢複製時是否發生錯誤，並立即加以校正。因此所複製出來的新DNA會與原先的舊DNA完全相同，以確保物種的遺傳特性是相同的。然而，流行性感冒病毒的遺傳物質是RNA，在複製過程中所用的酵素是一種RNA聚合酵素。此酵素的功用是複製RNA，但與前者不同的是，它沒有「校讀」的能力。因此所複製出來的新RNA會有較多的「點突變」（point mutation）。對RNA病毒而言，最壞的情況是該突變造成病毒重要基因的改變而不能存活；但在某些情況下，這些突變並不致命，但卻造成病毒一些特性的改變，例如表面蛋白結構的不同。由於表面蛋白改變了，因此宿主的舊抗原便無法辨認此病毒，而使其逃避掉宿主免疫系統的辨識。這種因點突變造成表面抗原蛋白改變的現象便稱為「抗原漂移」。這是流行性感冒病毒對抗宿主免疫系統的第一項秘密武器。

2.抗原轉移（antigenic shift）──目前此現象只發生在A型流

行性感冒病毒上。這種情形是發生在二種不同品系的病毒同時感染一個宿主時，其基因在宿主細胞內發生基因重組的現象，亦即二品系的病毒基因彼此交換一段RNA遺傳物質，因此大為增加了表面蛋白的變異速度與變異程度。當然，該病毒的抗原性也會大幅轉變，而使宿主免疫系統無法辨認它了；此即「抗原轉移」現象。而A型流行性感冒病毒的另一項秘密武器是其RNA具有「分節」的現象，因此可使得具有八個分節的病毒不但易於存活在較高的基因變異之下，同時也增加其基因重組的機會。在這雙重條件之下，新品系的A型病毒很快便可發展出來，使得宿主的免疫系統對其防不勝防，而無可奈何了。

　　由於流行性感冒病毒的表面抗原蛋白是如此的多變，使得宿主此次產生的抗體不能對抗下一次侵襲的病毒，因此我們病後的免疫力並不能保證使我們免於下一次的感染；這也是為什麼科學家無法大規模的來製造疫苗去進行預防注射的原因。

## 六、自然界宿主與流行病學

　　B型與C型流行性感冒病毒的主要宿主是人類，但也有記錄顯示可從豬身上分離出此二型的病毒；至於A型病毒則可從許多溫血動物身上分離出來。基本上，A型病毒原先是一種鳥類的病毒，經由跨種族而傳染到哺乳動物的。一般鴨類族群被認為是自然界中A型流行性感冒病毒的最主要宿主，一年四季均可從鴨族群中分離出此病毒。此病毒可傳染給許多其他的溫血哺乳動物，例如人類、豬、馬、牛等，甚至尚可傳染到一些海洋哺乳類，如鯨、海豹等。而在實驗室中，也可經由人為的方法傳染給兔及鼠類。通常科學家們於實驗室中對於此

病毒的保存與培養則以雞胚培養法最為方便。

　　A型流行性感冒通常每隔10～15年便會有一次全球性的大流行，且此病毒通常是以全新的HA及NA表面蛋白出現（經由前述的抗原轉移作用而來）；而期間每隔2～3年則會出現較小規模的地方性流行，其表面蛋白的變異性則較小（經由抗原漂移作用而產生）。由於每隔十餘年的全球性大流行所造成的感染層面非常廣泛，對人類的經濟影響亦極為鉅大，因此各國在大流行前莫不嚴陣以待。而聯合國世界衛生組織（WHO）也建立了一個全球性的監視網，定期追蹤病毒的轉型變化及預測下次流行的可能品系；以便提早製造疫苗，供一些老人、兒童、及抵抗力較弱的人們作預防接種。歷史上有記錄的大流行情形如表13-2。

　　其中以1918年那次的全球性大流行最為嚴重，超過二千萬的人口於短短120天的流行期間喪命於該次感染，此數字遠超過當時的第一次世界大戰死亡人數。其中光印度一地便死亡了一千二百五十萬人，美國也病喪了五十萬人，而其中阿拉斯加一地更有超過半數的人口死於該次流行。最嚴重的一週（1918年10月23日），美國便有二萬一千人死於該病；這是美國有史以來最高的一週死亡人數。從上述一些令人怵目驚心的統計數字，我們可以想像當時大流行的情況及其對人類所造成的損失。幸好，以後的大流行規模及死亡人數都沒有這麼嚴重了；但是人們對其仍不可掉以輕心，除了要經常追蹤病毒品系的變化之外，科學家們也在努力的朝疫苗製造及療病藥品的開發去努力，期使在每一次的大流行中，使損失減至最輕。

表13-2

| 年代 | 病毒品系 | 備　　　　註 |
|------|----------|------------|
| 1874 | H3N8 | |
| 1890 | H2N2 | 全球性大流行 |
| 1902 | H3N2 | |
| 1918 | H1N1 | 全球性大流行 |
| 1933 | H1N1 | 病毒首次被分離出來 |
| 1947 | H1N1 | 偵測出表面抗原有差異 |
| 1957 | H2N2 | "亞洲型"全球性大流行 |
| 1968 | H3N2 | "香港型"全球性大流行 |
| 1976 | H1N1 | "豬型"非地方性大流行 |
| 1977 | H1N1＋H3N2 | "蘇俄型"地方性大流行 |

（本文原刊載於《科學月刊》第二十八卷第四期，民國八十七年三月修訂）

# 第十四章　杞人憂談抗生素

　　自古以來，人們一直在區分自然界中的生物誰屬於高等或誰屬於低等，這種概念一直沒有變過，只是區分時所用的標準有所不同而已。因人類對自然了解的程度不同，所以這個標準是隨時間隨地點在改變，這可從不同宗教文化及習俗中看出；如區分貴賤衍生出之奴隸制、區分忠誠勤耕衍生出之敬牛及忌食牛狗肉、髒豬論所以禁食豬肉、植物不具靈性而素食忌葷等。在科學上也是如此，在科學尚未昌明前人們無法掌握及預知自然的變化，所以敬畏神鬼；人類則以萬物之靈自居。自從達爾文的物種演化論提出之後，不管從胚胎發育或族群組織架構的角度來看，我們大多認定此時是人類優勢時代，並認為人類的萬能可以主控地球所有一切；科學家也積極地向自然挑戰，篤信人定勝天。甚至於原來被認為只有上帝或神可以做到的創造生命，也因近年來生物科技的快速發展，使人們得以掌握創新技術而不斷地向這種創造生命的神力挑戰。例如，日益成熟的基因工程技術、無性繁殖綿羊技術等等，均使得人類得以突破以往物種的遺傳限制，向創造新生命的領域前進。因此，新興的生物科技研究已使人們相信現今已進入人類可以主宰地球生命的時代。

　　然而，在一九九七年五月於美國邁阿密市美國微生物學年會會場中所散發之華盛頓郵報卻以「細菌星球」為題，引爆了「誰才是地球的優勢族群」的論戰。文中多方引證，歷歷地說明細菌才是地球的主

宰者；自從地球有生命以來它們就存在，從來沒有被大滅絕過。而人們只是膚淺的追隨演化論，認同無脊椎時代、魚類時代、爬蟲類時代、哺乳類時代以及人類時代這種發展順序的演化邏輯；這種邏輯誤導了人們以為生物體組織愈複雜者就愈高等，愈簡單者就愈低等，而這種觀念極可能導致自然界生態上嚴重的災難。人類不能因其自身視界受限而影響其對大自然的觀念，也不能僅重視肉眼看得到的物種及數量，而故意眼不見為淨地忽略了在這個生態系中，不管是角色或數量皆具舉足輕重的微生物。殊不知若無微生物的分解及再生資源作用，其他生物將會因物質的失衡而無法生存。微生物能夠分解其他生物的排泄物及屍體，使物質的循環得以順暢進行。而食物網中低階層生物也可捕食這些微生物，作為營養來源；高階層生物再捕食低階層生物，如此一個階層接著一個階層建構成食物鏈及食物網。而這樣「小而美、小而能」且具生命現象又無所不在的微生物，在自然界中扮演了極重要的角色；因此地球是一個不折不扣的細菌星球，至於誰才高等的爭論根本不重要。而社會大眾仍然無視於此，只管陶醉在自我偉大的幻象中，恣意的揮霍地球資源與製造污染，因此使得有心之士憂心重重，深恐過度的科技發展將引發自我毀滅，導致地球生物的大滅絕。這些憂心的想法並非空穴來風或杞人憂天，除了核子武器的隱憂外，環境的惡化及抗藥性微生物的捲土重來，將會造成生態系重新洗牌產生新的優勢種。抗藥性病原菌的問題已不只是醫生開處方箋時應該加以特別考慮而已；事實上，抗藥菌在環境中不斷的擴散與我們每個人都息息相關，也是我們每個人都應要警覺的。以下將就抗生素及抗藥菌的背景及最新的發展作一說明。

## 一、化學治療與抗生素的發現

　　西元1928年亞歷山大・佛萊明（Alexander Fleming）首先發現了盤尼西林，開啓了利用微生物生產化學醫療藥劑的時代，此種微生物所生產的醫療藥劑被稱爲抗生素。當時正是第一次世界大戰之後，化學家努力嘗試合成各種能夠治病的藥；這些合成的化合物不是沒有藥效就是毒性太高，以致於都無法成功應用於醫療藥劑上。事實上早在西元1878年，德國的一位科學家艾利希（Paul Ehrlich）就曾努力尋找他所謂的「魔術子彈」，他認爲一定可以找到一種可以有效殺死微生物而又對宿主無傷害的化學藥劑；他的研究首開化學治療的濫觴。經過無數次的試驗，艾利希發現編號第418化學藥劑可以有效治療昏睡病，而編號第606號藥劑則可有效抑制梅毒病原菌。然而這種化學藥劑專一性太高，並不能普遍應用於一般其他的微生物感染。直到抗生素盤尼西林的出現，適時引導人類一條對抗病原菌的道路。

　　早在西元1896年一位二十一歲的醫科學生杜啓明（Ernest Duchesme）就曾觀察到盤尼西林會殺死病原菌，只是當年沒受到重視而已。1928年，佛萊明在一遭受青黴菌（見圖14-1）污染的細菌培養基上發現青黴菌可以抑制金黃葡萄球菌的生長；他進一步分析發現青黴菌的分泌物──盤尼西林，具有高度的抑菌效果（見圖14-2）。雖然他並非第一位發現此現象的人，然而他卻是第一位了解到此物質在未來疾病控制上將扮演極重要角色的人。但是接下來大量生產及純化盤尼西林的工作卻出乎意料之外的困難。由於第二次世界大戰戰場上之需求，美國洛克菲勒基金會於是提供了大量研發經費，供

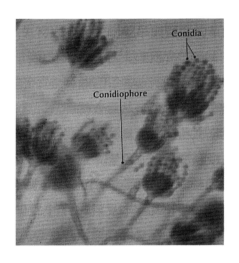

**圖14-1　青黴菌之顯微攝影圖。（本插圖取材自：Microbiology, Concepts and Applications, Pelczar *et al*., 1993. McGraw-Hill, Inc.授權轉載）**

來自德國的生化學家厄尼斯特・簡（Ernst Chain）、來自澳洲的病理學家霍華・佛羅禮（Howard Florey）以及牛津大學的科學家們進行盤尼西林的生產研究。在這些科學家們的努力研發之下，盤尼西林終於被成功的開發成為可以大量生產、安全使用且能有效對抗許多細菌感染的劃時代藥物。

　　盤尼西林在第二次世界大戰末期（1940s）曾發揮無比的效用，拯救了無數戰場上的傷兵。而盤尼西林的研發寶貴經驗，也為其他抗生素的開發鋪下了康莊大道。如今，使用抗生素來治療或預防細菌性

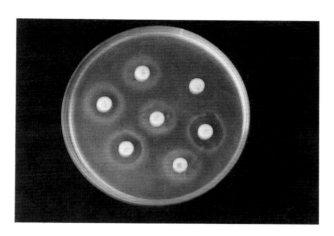

**圖14-2** 浸泡有抗生素之紙環可抑制金黃色葡萄球菌的生長。紙環緩緩釋出抗生素，因此於其四周形成一圈細菌無法生長的透明抑制圈。（林佑勳攝影）

感染疾病已經是我們日常醫療中所不可或缺的重要措施。因此，盤尼西林的發現與開發成功是人類歷史上的一件劃時代的重要事件，而人們對抗細菌性疾病也從此建立一個新里程碑。

## 二、盤尼西林之改良與頭孢菌素的開發

自從盤尼西林開發成功之後，往後五十年間更因其他抗生素之持續開發，以及利用各種突變劑來改良菌種提高抗生素生產量，造就了一段抗生素的黃金時期。突變劑可以與染色體結合，破壞或改變其鹼基對的特性，鹼基對會有一定配對方式（即A與T配對、C與G配對），這種守恆的配對是生物染色體藉以將親代基因完整傳給子代的

方法，也使得子代的各項器官功能及構造可以酷似親代。所以突變劑破壞染色體DNA會使得染色體複製時的密碼判讀錯誤而產生與親染色體不同的密碼，因此產生具有新特性的子代。突變劑可以改變抗生素生產菌的遺傳物質，這種改變出來的菌可能失去抗生素生產力，也可能生產更大量的抗生素；因此，可選擇變異菌株中產量高者繼續做下一次變種，有時候會選擇具有重要生理特性的菌種做下一次的變種，如此反覆幾十次改變菌種提高生產量後，已使新突變株的抗生素生產量數十萬倍於其親代。例如生產盤尼西林的青黴菌，如今已從野生菌的0.002 g/l提高到40 g/l的生產量。而化學家更進一步以有機合成的方法更換及修飾盤尼西林在R1位置的官能基，利用此方法已大大的提高盤尼西林藥效及藥性。

　　盤尼西林G及V的療效相近，主要針對淋病、腦膜炎、鏈球菌及金黃色葡萄球菌，破壞其細胞壁胜醣的合成而使之致死。盤尼西林V的酸穩定性高適合口服，而盤尼西林G會被胃酸破壞，只適合注射的針劑。此外，盤尼西林的另一種衍生物安培西林則同時可有效地殺死格蘭氏陰性及陽性的細菌，且酸穩定性高，所以被廣泛的使用於醫療業。

　　一九四八年科學家也發現頭孢黴菌能夠產生一種與盤尼西林同樣具一個四環的乙型內醯氨抗生素，其殺菌的機制與盤尼西林相同，可抑制病原菌的細胞壁合成，但更具廣效性，常用於對盤尼西林過敏的病人，此抗生素被稱之為頭孢菌素（表14-1）。兩種抗生素主要不同之處是頭孢菌素之四環乙型內醯氨旁接連一個六環，與盤尼西林的五環不同。科學家亦進一步利用有機合成方法在頭孢菌素的R1及R2的

位置加以修飾，改善其藥效及特性，其衍生物繁多令人目不暇給，爲了方便通常依其被修飾的位置及程度不同而將之區分成三代產品。第一、二代主要具有簡單的直鏈R2官能基，大多在R1官能基作修飾；而第三代的R2爲較複雜的環狀官能基。第一代頭孢菌素對革蘭式陽性菌較有效，第二代則增強其對革蘭氏陰陽性菌的藥效，而第三代頭孢菌素則對革蘭氏陰性菌的藥效最強，除了頭孢力新素（cephalolexine）及費夕頭孢素（cefixime）可口服外，大部分的頭孢菌素需要用注射針劑。

## 三、放線菌與抗生素

除了盤尼西林與頭孢菌素外，科學家們也陸陸續續發現了其他新的抗生素，同時也使用有機合成法將自然生成的抗生素加以修飾。1939年，法國微生物學家杜伯斯（Rene Dubos）首先自一種土壤細菌中分離出「短桿菌素」（tyrothricin），雖然短桿菌素對人的毒性太高而無法成爲臨床應用的藥物，但此項發現引起了美國羅格斯大學魏克斯曼教授（Selman Waksman）的注意。

魏克斯曼開始設立一項自土壤中尋找新抗生素的計畫，1943年他與斯凱茲（Albert Schatz）自土壤中的一種放線菌中發現了鏈黴素。鏈黴素可以抑制當時令人極難防治的肺結核菌及一些其他格蘭氏陰性細菌，同時也證明是一種對人體極爲安全的藥物。土壤是一個微生物生存競爭極爲激烈的環境，許多微生物彼此之間必須互相競爭有限的資源，因此，許多微生物便會分泌一些對其他微生物有害的二級代謝產物來抑制其他生物的生長，以便獨享資源；魏克斯曼將之稱爲

## 表14-1 抗生素的發現與藥效

| 抗 生 素 | 發現年代及發現者 | 主要結構 | 藥 效 |
|---|---|---|---|
| 青黴素<br>Penicillin | 1896年<br>Ernest Duchesme<br>1928年<br>Alexander<br>Fleming | | 鏈球菌、肺炎雙球菌、螺旋體、腦膜炎雙球菌、淋病雙球菌、放線菌、猩紅熱、梅毒、淋病 |
| 磺胺類<br>Sulfonamide | 1935年<br>Gerhard Domagk | | 麻風、肺囊蟲性肺炎、志賀氏菌腸炎、弓蟲病、砂眼、布氏桿菌病、全身性沙門氏菌感染、泌尿道感染 |
| 鏈黴素<br>Streptomycin | 1943年<br>Selman Waksman | | 腸球菌性心內膜炎、兔熱病、鼠疫、結核病 |
| 氯黴素<br>Chloramphenicol | 1947年<br>Ehrlich | | 傷寒、腦膿、梅毒、嚴重的立克次菌感染、腦膜炎、百日咳 |
| 頭孢菌素<br>Cephalosporin | 1948年<br>Giuseppe Brotzu | | 腸球菌、葡萄球菌、綠膿桿菌、腦膜炎、梅毒、呼吸道及泌尿道之疾病 |
| 四環黴素<br>Tetracycline | 1948年<br>Duggar | | 立克次菌、披衣菌、黴漿菌、鸚鵡熱、梅毒、淋病、兔熱病 |
| 土黴素<br>Oxytetracycline | 1950年<br>Finlay | | 布氏桿菌病 |
| 紅黴素<br>Erythromycin | 1952年<br>Mc Guire | | A族鏈球菌呼吸道及皮膚感染、白喉、猩紅熱、百日咳、梅毒、砂眼、披衣菌所感染之疾病如砂眼、尿道炎、子宮頸炎 |

「抗生素」。自從發現鏈黴素之後，魏克斯曼及其他科學家也陸續自土壤中的放線菌中分離得到許許多多的其他抗生素，例如，新黴素、氯黴素、金黴素、紅黴素等。事實上，今日我們所用的抗生素之中，約有半數是自土壤放線菌中所分離得到的。

## 四、抗生素的類型與作用

　　若以抗生素的主要結構來區分（表14-1），可將它們區分為：(1)乙型內醯氨類，如盤尼西林和頭孢菌素；(2)氨醣類，如鏈黴素；(3)巨環類，如紅黴素；(4)四環類，如四環素和含氧四環素；(5)其他類別，如氯黴素與乙型聚擬黴素（polymyxin B）；及(6)合成類，如磺銨類和奎拿醲（quinolone）類（嚴格而言，一般此合成類抗生性物質並不被稱之為抗生素）。它們的主要結構骨架列於表一。在英文命名方面，與盤尼西林相關的衍生物大多以-cillin為字根來命名；頭孢菌素衍生物則以cef-或cepha-字首來命名；四環類則以-cycline命名；其餘種類則大多用-mycin或-cin字根命名。我們每個人都有機會使用到這些抗生素，尤其第(1)、(2)類。若我們仔細研讀醫生處方箋，自然會學習到這些抗生素的使用情形，在此字根字首的說明略可幫助辨識及了解它們的藥性，但仍有些抗生素若不加深究其結構光憑其字根是很難知道它所歸屬類別的。此外，醫生開的處方箋也可能是商品名，容易令人混淆，需勤加注意或詢問醫生及專家，次數多了之後自然就可以分辨了。

　　細菌的大小約為一微米，肉眼不可辨識，需要用顯微鏡放大一千倍才能看到。它的核酸遺傳物質及各式各樣的酵素及蛋白質在細胞中

央進行化學反應，其外包裹一層富含脂質的細胞膜，再外層則是細胞壁，此為格蘭氏陽性菌的基本結構。而格蘭氏陰性菌則具較薄的細胞壁，且在其外另增加一層細胞外膜。一個細菌細胞要複製成兩個細菌時，需要製造出另一套的染色體、蛋白質、細胞膜及細胞壁，以分給子細胞；而抗生素殺菌的原理就是抗生素能阻礙其中一項物質的生產或形成。以抗生素殺死細菌的機制來區分：(1)抑制細胞壁的合成；(2)抑制蛋白質的合成；(3)抑制核酸的合成；(4)破壞細胞膜；以及(5)類似物阻絕代謝作用。

　　頭孢菌素與盤尼西林同樣為具一個四環的乙型內醯氨抗生素，可抑制細菌細胞壁的合成。能抑制蛋白質合成之典型代表的抗生素則有鏈黴素、氯黴素、四環素及紅黴素等。能抑制核酸合成者有絲裂黴素（mitomycine）、奈啶酮酸（nalidixic acid）及屬於人工合成的奎拿醱類；此奎拿醱類主要是抑制DNA複製時摘勒酵素（gyrase）及拓樸異構酵素（topoisomerase）的活性，而這兩個酵素的功能是拆開超螺旋的染色體DNA以利於DNA聚合酵素複製染色體，一旦這兩種參與複製的酵素被抑制，自然會令細菌因無法複製而致死。而能抑制RNA合成者則有丁型放線菌素（actinomycin D）及利福平（rifampin）。乙型聚擬黴素會破壞細胞膜。與維生素相關之類似物能抑制葉酸生合成者有磺銨類及碟卜松（dapsone），以及抑制四氫氧基葉酸生合成者的三甲基普淋（trimethoprim）等。異擬氨劑（isoniazid）則可抑制能量代謝物NAD的生合成。

## 五、抗生素在畜牧業上的應用與後遺症

　　許多從事畜牧業的人士都知道在飼料中添加微量的抗生素可促進牲畜及家禽的生長，因此，長久以來餵食牲口抗生素是畜牧業上常使用的手法。據估計，美國所生產的抗生素，將近一半是進了農場牲畜的腹中。根據使用經驗發現，每公斤飼料中添加五至二十毫克的抗生素，可促使禽畜生長加速，至少可以節省飼育時間及飼料達百分之十以上。為何在飼料中添加低劑量抗生素能促使牲口的生長的原因尚不完全明瞭；但在牛羊等反芻動物中有證據顯示，是因為這些抗生素抑制了一些甲烷菌的生長，使得飼料中的能量不會被浪費而充分轉化成肉質。然而由於畜牧業長期的使用抗生素於飼料中，無可避免的促使一些具抗藥性的細菌族群增長，因此，使得自然界中細菌的抗藥基因頻率大增。由於一些牲畜的腸內細菌也可生存在人類消化道中，這些具有抗藥性的腸內菌便有機會進入人體，並成為人類腸道的正常菌叢。令人憂慮的是，這些腸道菌可藉著基因交換的方式把抗藥基因傳遞給一些其他細菌；一旦傳遞給人類病原細菌，所造成的後果則真不堪設想！

　　目前已有證據顯示，不但是家畜，甚至連從事家畜育種工作人員的腸內細菌都具有高比例的抗藥性，且甚多細菌具有多重抗藥性（可同時對抗多種抗生素）。此外，由家畜停用抗生素的實驗中也發現，抗藥性細菌的族群數目並未隨著抗生素的停用而顯著減少；這顯示抗藥基因已成為這些腸內細菌體內的穩定基因，並可代代相傳給其後代。此種抗藥基因在自然界細菌族群中普遍存在的現象，已使有識之

士憂心不已。於歐洲，大多數國家已經全面禁用抗生素於動物飼料中；然而在美國，抗生素仍然普遍使用於牛羊、豬隻以及家禽的飼料中。

## 六、細菌抗藥性之出現

當有關新型或新藥效的抗生素陸續被發現及廣泛的被使用的同時，對抗生素具有抗藥性的細菌也逐漸的浮現。早在七〇年代醫院內感染的例子中，便發現一些腸內細菌具有抗藥性，此問題隨著抗生素劑量的增加及廣效性抗生素的使用更見嚴重。以美國一家醫院為例，病人身上分離之綠膿桿菌（ *Pseudomonas aeruginosa* ）在1987年發現的抗藥性菌數為28.2%，而1992年則升高為60%。抗藥性菌早期在醫院的院內感染發現的例子較多，但是最近亦有很多例子出現在療養院中。以台灣來說，我們一直要走向國際化，因此與國際間交往越來越頻繁，病媒及病原菌的傳遞亦見迅速，我們已無可避免的捲入抗藥性細菌的問題中；加之以國人濫用抗生素的情形極為嚴重，抗藥性細菌的存在已屢有報導。因此，衛生主管當局、醫療單位以及國人都應提高警覺，改進落伍衛生習慣及不正確的服藥觀念，以對此抗藥性細菌反撲危機及早做出因應措施。一般報導中常出現之抗藥性細菌如表14-2。

細菌產生抗藥性的機制主要是在其生理上產生一些機制，以減少細菌本身受抗生素毒害，由於自然突變隨時都在發生，具有抗藥性的細菌平常就會產生，但它們的數量非常少。一般而言，因為轉密碼成一個氨基酸之三個鹼基對皆發生突變的機率約為$10^{-18}$，而並非所有突

### 表14-2　近年來多種抗藥性的細菌被報導的情形

| 菌　種 | 病　名 | 產生抗藥性 | 報告年代 |
|---|---|---|---|
| 無動力桿菌 (*Acinetobacter* spp.) | 菌血症、尿道炎、肺炎、腦膜炎 | 第三代頭孢菌素 | 1994 |
| 安妮無動力桿菌 (*Acinetobacter anitatum*) | 菌血症、尿道炎、肺炎、腦膜炎 | 第三代頭孢菌素 | 1997 |
| 產氣短桿菌 (*Aeromonas sobria*) | 爛瘡 | Amoxicillin | 1994 |
| 鬆脆類桿菌 (*Bacteroides fragilis*) | 口腔炎、敗血症、膿腫 | 盤尼西林 | 1994 |
| 柏克囊腫菌 (*Burkhoderia cepacia*) | 囊腫纖維化 | 大部分盤尼西林及頭孢菌素類 | 1997 |
| 泄殖腔腸內桿菌 (*Enterobacter cloacae*) | 腸炎 | Cefepime | 1994 |
| 腸內糞泄桿菌 (*Enterococcus faeciun*) | 腸炎 | 泛古黴素<br>四環素 | 1997<br>1997 |
| 腸內糞球菌 (*Enterococcus faecalis*) | 心內膜炎 | 安比西林<br>Gentamicin<br>四環素 | 1993<br>1993<br>1994 |
| 大腸桿菌 (*Escherichia coil*) | 腸炎、腹膜炎、下痢 | Cefotaxime | 1997 |
| 嗜血性感染菌 (*Haemophilus influenzae*) | 呼吸道感染、小孩腦膜炎、老人肺炎 | Cefuroxine,<br>Cefailor<br>Loracaibet<br>Amoxicillin | 1994<br>1997 |
| 克氏肺炎菌 (*Klebsiella pneumoniae*) | 肺炎、嬰兒下痢、尿道炎 | 安比西林<br>AZT<br>Cefazidime<br>Amikacin | 1997<br>1997<br>1993<br>1993 |

### 續表14-2　近年來多種抗藥性的細菌被報導的情形

| | | | |
|---|---|---|---|
| 李斯特菌<br>(*Listeria*<br>*monocytogenes*) | 李斯特症、腦膜炎、<br>墮胎 | 四環素<br>氯黴素 | 1993<br>1993 |
| 結核桿菌<br>(*Mycobacteria* spp) | 肺結核、麻風 | Isoniazid | 1994 |
| 淋病雙球菌<br>(*Neisseria*<br>*gonorrheae*) | 淋病、風濕熱 | 盤尼西林 | 1994 |
| 棕黃桿菌<br>(*Ochrobacterium*<br>*anthropi*) | 菌血症、熱原性感染 | Amoxicillin<br>Piperacillin<br>Co-clavalanate<br>Cefotoxin | 1997 |
| 綠膿桿菌<br>(*Pseudomonas*<br>*aeruginosa*) | 囊腫纖維症、皮膚燒<br>傷感染、敗血症 | Amoxicillin<br>Aztreonam<br>Ceftazidime<br>Meropenem<br>Imipenem<br>Ciprofloxacis | 1993<br>1997<br>1997<br>1997<br>1997<br>1997 |
| 鼠傷寒桿菌<br>(*Salmonella*<br>*typhimurium*) | 傷寒 | 乙型聚凝黴素 | 1994 |
| 靈桿菌<br>(*Serratia*<br>*marcescens*) | 尿道炎、敗血症、腹<br>膜炎、關節炎、肺炎 | Amikacin<br>Imipenem<br>盤尼西林 | 1993 |
| 表皮葡萄球菌<br>(*Staphylococcus*<br>*epidermidis*) | 皮膚炎 | Methicillin | 1997 |
| 金黃色葡萄球菌<br>(*Staphyloccus*<br>*aureus*) | 中毒性休克症候群、<br>食物中毒、敗血症、<br>心內膜炎、腦膜炎、<br>膀胱炎、骨隨炎、肺<br>炎、膿血症 | 盤尼西林<br>安比西林<br>泛古黴素 | 1993 |
| 肺炎葡萄球菌<br>(*Staphylococcus*<br>*pneumomoniae*) | 肺炎、腦膜炎 | Imipenem<br>Meropenem | 1997 |
| 鏈球菌<br>(*Streptococcus* sp.) | 產褥熱、丹毒、猩紅<br>熱、蛀牙、心內膜<br>炎、肺炎等 | 盤尼西林類 | 1994 |

變菌都能夠具有抗藥性，因此能夠抗藥的菌數就更少了；在自然的族群中$10^{-18}$個菌中尚不足有一個抗藥菌，所以不會成為優勢種。但是若其環境週圍含有抗生素的情況下，根據物競天擇的原理，適者生存；即不具有抗藥性的細菌會大量死亡，留下空間及食物促使抗藥菌大量增殖，抗藥菌因此蓬勃發展地成為優勢菌。

　　而抗藥菌用以抗藥的方法不勝枚舉，主要有：(1)改變細胞膜的通透性，不讓抗生素進入細胞內毒害細胞的組成分。如盤尼西林G無法通過格蘭氏陰性菌的外層細胞膜，以及分枝桿菌屬之細胞壁外的膜富含黴酸（mycolic acid），亦使抗生素無法進入細胞內，達到對抗抗生素的目的。(2)細菌能產生新的酵素，用以切斷或修飾已進入細胞內的抗生素，使其失去活性。如乙型內醯氨分解酵素破壞盤尼西林的乙型內醯氨環。而有些細菌會將一些化合物以鍵結的方式加到抗生素身上去而使此抗生素失去活性，如氨醣類抗生素被乙基化、鳥糞嘌呤化或磷酸化後失去活性；而氯黴素也會因乙基的加入而失去活性。(3)原來受抗生素抑制或結合的蛋白質之基因發生突變，此突變的基因會轉錄出新的突變型蛋白質，不受抗生素結合與破壞或其破壞程度上減輕，因此，抗生素就失去殺菌的能力；如合成蛋白質的核醣體中小單元體發生突變，使得紅黴素及氯黴素無法結合此核醣體而產生抗藥性；另如生成葉酸路徑中的一種合成酵素，因突變而減低磺胺藥的破壞作用，因此產生抗藥性。(4)改變代謝或合成的路徑，縱使原合成路徑遭抗生素的破壞，但細菌仍能用另一個路徑合成所需要的物質，使之不受制於抗生素的作用；例如有些細菌另外可從外界攝取葉酸而不受磺胺藥的抑制。(5)大量生產受抗生素抑制的蛋白質或其產物，雖然

大部分的蛋白質或產物與抗生素結合而失去活性，仍殘留足夠的蛋白質或產物執行生理所需要的反應，維繫生命。(6)將已進入細胞內的抗生素快速地輸送出體外，縮短抗生素在細胞內的停留時間，降低其危害性，具有此機制的細菌通常可以同時抗多種藥物，如大腸桿菌、綠膿菌及金黃色葡萄球菌皆有發現此機制。

## 七、人類的對策

　　由於抗藥性細菌的出現，使得許多細菌感染治療上增加困難，因此，新抗生素的開發將是醫藥界未來的一件大事。未來抗生素的開發將可循三個途徑進行：傳統改變官能基的方法、尋找新骨架的抗生素以及應用生物技術的方法（表14-3）。詳述如下：

　　(1)傳統改變官能基的方法是根據目前已知的化合物中，保持該分子中有藥效的結構中心，在其外圍的官能基作一些修飾，此方法運用起來較容易簡單。但是因抗藥性菌的出現常使該藥物的市場壽命有限，所以藥廠便積極的進行(2)尋找新的骨架的抗生素。海洋被認為是一片未開發的新生地，很多藥廠及生物技術公司投入很大的人力財力，企圖在海洋生物中找到新的抗生素，已有很多新骨架的藥被發現，但是新藥從發現到上市需要一段很長的時間；以美國為例，約八到十年。這是因為新藥被允許上市前須要經過一連串的毒理、藥效、副作用、藥效穩定度等測試，所以目前尚未有已達臨床使用的新藥，但可預言不久的將來會有很多新型的抗生素出現在醫藥市場上。在這些新抗生素開發案中，目前較被看好的是針對有methicillin抗藥性的金黃色葡萄球菌（簡稱MRSA），以及對泛古黴素有抗藥性的腸

表14-3　目前正在研究開發中的新抗生素

| 公　　　司 | 產　　　品 | 作 用 機 制 | 病 原 菌 | 研 發 階 段 |
|---|---|---|---|---|
| Rhone-Poulenc Rorer | Sparfloacin Synercid | 奎寧醺類 抑制蛋白質合成 | 革蘭式陰性菌及陽性菌 | 第二期試驗 申請新藥中 |
| UpJonh Co. | Oazolidine | 抑制蛋白質合成 | 革蘭式陰性菌及陽性菌 | 申請新藥中 |
| Xoma | Neuprex | 內毒素中和劑 | 腦膜炎球菌菌血症 | 第二期試驗 |
| Wyeth-Ayerst | Zosyn | 抑制內乙醯分解酵素 | 肺炎 | 核准上市 |
| Microcide Pharmaceutica | 多種抗生素 | | 革蘭式陰性菌及陽性菌 | 正篩選新藥 |
| Merck | Carbapenem | 抑制脂質合成 | 革蘭式陰性菌及陽性菌 | 第一期試驗 |
| Oligo Therapeutics | Oligonuclitides | | 革蘭式陰性菌及陽性菌 | 申請專利中 |
| Intrabiotics | IB-367 | 抑制蛋白質合成 | 口腔黏膜炎 | 第一期試驗 |
| Schering-Plough | Ziracin | | MRSA、VRE | 第一期試驗 |
| Smith Kline Beecham | Augmentin | Amoycillin＋Clavulanic acid | 廣效性 | 已用於臨床中 |

球菌（簡稱VRE）具有療效的新型抗生素。(3)生物技術法則須從抗藥性病原菌的抗藥原理著手研究，再針對其抗藥機制設計出殺死該細菌的藥物。因為有些對乙型內醯氨類產生抗藥性的病原菌，並非全然是該菌可以生產乙型內醯氨分解酵素，有些是因為其細胞膜產生變化，減低抗生素的通透性使然；有的是乙型內醯氨分解酵素產量特別高使然；所以需要不同的用藥方法。成功的例子是將可抑制乙型內醯氨分解酵素活性的藥物（clavulanic acid及tazobactam）與頭孢菌

素一起混合使用，可達到很好的效果。但是此種方法並不能使用在當抗藥性的機制是因為「原來對抗生素敏感的蛋白質因突變而變成對抗生素不敏感的情況」，所以要能有效快速的知道抗藥性的機制才能對症下藥。而這些實用方法的開發，端賴對抗藥機制的深入研究與了解。

## 八、結語

抗生素是人類史上劃時代的重要發現，它不但改變了傳統醫療上治療病原菌感染的治療方式，使微生物的感染治療成為輕而易舉之事，同時也使人類的健康維護與壽命延長獲得極大的突破，甚至於影響了整個人類社會的生活型態。在與病原微生物奮鬥的戰爭中，人類似乎占了上風；然而也由於我們對抗生素的濫用，使得微生物族群有機會產生適應性，並進而發展出對抗抗生素的抗藥性，使我們再一次面臨危機。因此，我們人類應好好檢討目前對抗生素的濫用情形，提高警覺並做好因應措施；同時也要加強生物科技的研究，開發出新型態的抗生素，以確保在這場與微生物對抗的生存競爭中不會被淘汰出局。

# 第十五章　微生物與蟲害防治

　　工業革命以來，由於科學昌明及衛生環境的改良，造成死亡率降低及壽命延長，因此世界人口激增。馬爾薩斯在其著名的《人口論》中曾預測糧食的增產速度將遠不及人口的增長，因此人類將不可避免的面臨飢荒與戰爭的宿命。事實上卻不然，由於計畫生育的實施及人類在農業科技上的進步，雖然地球上仍有零星的飢荒發生，但總糧食的生產量仍遠超過人口所需。以本省而言，也經常發生稻米生產過剩的問題。糧食生產充足的原因除了作物育種及生產技術的改良外，最主要的因素則是對作物蟲害的防治成功。

## 一、化學殺蟲劑的利弊

　　傳統的農業蟲害防治是以施用化學合成的殺蟲劑（農藥）為主。其優點是藥效迅速，一噴見效；因此極受農友的歡迎。然而經過多年來的長期大量施用，害蟲也逐漸產生了抗藥性。在加重農藥施用量的惡性循環下，遂產生了嚴重的農藥殘留、人畜中毒、含毒空瓶處理、環境污染以及自然生態平衡遭受破壞等問題。根據統計，台灣地區作物的單位農藥施用量經常偏高，是美國的七倍，因此農藥污染問題相當嚴重；而農作物之農藥殘留問題也經常發生，對國民的健康造成相當大的危害。因此，以微生物取代農藥來防治蟲害，已成為近代農業及林業上重要的發展趨勢。

## 二、微生物防治的特性

　　所謂「生物防治法」，是利用害蟲在自然界中的捕食性天敵、寄生性天敵及病原微生物，來降低害蟲族群的數量而達到保護經濟作物的目的。目前人類研究比較透徹及應用較廣泛的生物防治法為「微生物防治法」；亦即以害蟲的病原微生物來誘發害蟲產生疾病而死亡。

　　微生物防治法具有幾項特性：

　　1.可挑選欲撲滅的目標害蟲——致病的病原微生物對於宿主害蟲有比較專一的選擇性，因此，我們可以針對某種欲加以防治的害蟲，挑選出一些專一的致病微生物來施放；而此微生物對於其他自然界之生物則無顯著影響。而一般的化學殺蟲劑則較無選擇性，以至害蟲、益蟲、天敵一網打盡，使自然界的生態平衡受到很大的破壞。

　　2.抗藥性問題——以往長期施用化學殺蟲劑的後果，是造成害蟲的人為淘汰及選擇，因此害蟲的抗藥性愈來愈強。在加重施藥量的惡性循環下，許多化學農藥已逐漸無法有效防治害蟲。而微生物防治法是以對害蟲具專一性的病原微生物來誘發害蟲的疾病，害蟲較不易產生抗性。

　　3.殘毒問題——由於病原微生物對「目標害蟲」以外的其他生物不具侵襲力，因此不會影響人、家畜、及家禽的健康；同時對噴灑施用的人員亦非常安全，可減少家庭中毒的可能。

　　能使昆蟲致病的微生物包羅萬象，可區分為細菌、真菌、病毒、立克次菌及原生動物等共約1500種。其中有許多已證實具有實用的價值，並有一些已被製成商業化產品，效果卓著。可適用的範圍也很廣

泛，例如食用作物、花卉、茶、森林、倉庫乃至於病媒昆蟲的防治等等。

## 三、細菌

已知的昆蟲病原菌共約100種左右，具實用價值並已製成商業化的產品的並不多；其中以蘇力菌（ *Bacillus thurgiensis* ）研究得最透徹，應用也最廣。

蘇力菌為一種革蘭氏陽性桿狀細菌，最先自病死昆蟲身上分離得到；在其生長過程中，其細胞內會形成一個具有厚壁的內孢子（ endospore ），同時在此內孢子的旁邊也會形成一個菱形的毒蛋白晶體。當鱗翅目昆蟲（如蛾、蝶類）幼蟲吞食能使其致命的蘇力菌後，毒蛋白晶體會在此類昆蟲特有鹼性的腸道內（ pH值可達9.5以上 ）逐漸溶解，然後再經由腸內一個特殊酵素的切割，使具有毒殺昆蟲的蛋白質片段釋放出來。此毒蛋白片段可使昆蟲腸道細胞發生腫脹、崩解，最後造成宿主昆蟲死亡。由於除鱗翅目以外的其他生物腸道，均不具備切割毒晶蛋白的特殊酵素，且其腸道的pH值也有所不同，故不會受到此毒晶蛋白的傷害與毒殺。因此，蘇力菌可作為一種良好的生物農藥，用來控制一般危害農作物及森林最烈的鱗翅目害蟲，而不虞發生傷害人畜、農藥殘留及傷害益蟲破壞生態平衡的弊病。例如，危害本省農業的重要害蟲小菜蛾及斜紋夜盜蛾均可適用蘇力菌。

蘇力菌商業化產品在1950年代即由西方國家開發成功，廣泛應用於農林業。然而由於為吞食性的農藥，藥效較慢，必須被目標害蟲的

幼蟲吃食之後才會發生死亡現象；不像一般有機合成的化學農藥為觸殺性，見效較快，因此，一直未受到農民的重視。近年來由於許多農業害蟲已對多種化學農藥產生抗藥性，再加上社會大眾環保意識的覺醒，使得蘇力菌產品又再度受到重視。一些西方國家（如美國、加拿大）已透過立法，於森林水源區及一些特種作物區強制施用蘇力菌農藥，並禁止施用化學合成的有機農藥，以避免造成水源的污染及農藥殘留。

　　根據一項調查結果顯示，台灣地區農作物施用化學農藥量極高，約為美國相同單位面積施用量的七倍。因此，食用作物之殘留農藥、環境水質的污染以及自然生態平衡遭受到的破壞，實已達到不容忽視的地步。固然，由於本省地處亞熱帶，氣溫較高，有助於土壤中殘留農藥的分解；然而經由食物鏈進入人體的農藥，亦足以威脅到人體的健康。

　　事實上，蘇力菌農藥引進本省已有四十餘年的歷史；然而由於它不是觸殺性藥劑，以及對農民的宣導不夠，因此，一般農民並不熟悉此藥劑的優點，以至於使用量並不大。有鑑於本省目前化學農藥污染之嚴重性，蘇力菌極有待國內主管單位的大力宣導與推行。而透過立法於某些特定作物及地區強制執行，更能收立竿見影之效，此亦有待主管機關之規劃與立法單位的配合。

　　蘇力菌有許多變種，其中最具毒殺鱗翅目昆蟲效力的為蘇力菌克氏變種（*B. thuringiensis* var. *kurstaki*，簡稱為Btk）；目前大部分商業化產品均由Btk製成，被廣泛應用於農業與林業害蟲的防治上。此外，1978年法國人de Barjac又發現一蘇力菌以色列變種（*B.*

*thuringiensis* var. *isrealensis*，簡稱Bti），對鱗翅目昆蟲的毒殺力很弱，但是對蚊蚋類的昆蟲卻有極強的毒殺力。經由世界衛生組織的大力推動，目前Bti產品已廣泛使用於非洲及東南亞等地區，用來控制病媒蚊傳染的流行性疾病，頗具成效。

除了上述的蘇力菌外，另有三株同屬於好氣孢子桿菌屬的細菌在微生物防治害蟲上有較深入的研究：(1)球型孢子桿菌（*B. sphaericus*）於生長過程中會產生對蚊子幼蟲具毒殺力的毒素，已有商業化產品問世；(2)日本甲蟲孢子桿菌（*B. popilliae*）可造成甲蟲類昆蟲幼蟲的死亡，已有商業化產品應市，在北美應用於防治危害森林的日本甲蟲，效果不錯；(3)慢性病孢子桿菌（*B. lentimobus*）對甲蟲類昆蟲的幼蟲具殺傷力。至於其他類昆蟲病原細菌的研究則仍停留在研究與開發階段，尚無實際應用的例子。但隨著生物防治觀念的普及，以昆蟲病原菌作為生物農藥的研究與開發，將逐漸成為未來蟲害防治工作的主流。

## 四、病毒

已知的昆蟲病原病毒約有650種以上，其中有實用價值者多屬具有一層套膜的病毒。此套膜可防止紫外線破壞病毒的活力，具有保護作用。此類病毒在昆蟲細胞內往往形成深色顆粒體，可用一般光學顯微鏡觀察到。其中研究較透徹並可能具有應用價值者包括：(1)核多角體（nuclear polyhedrosis virus，簡稱 NPV）；(2)質多角體（cytoplasmic polyhedrosis virus，簡稱CPV）；及(3)顆粒病毒體（granulosis virus，簡稱GV）。

　　由於昆蟲的病毒性感染具有較高的專一性，因此是一種狹效性的防治法。前述的NPV、CPV及GV均只能感染特定的無脊椎動物，因此，對於人、畜及禽類完全無安全上的顧慮。目前在歐美已有多種NPV及GV的產品應市。

　　由於病毒的繁殖必須在活組之內進行，因此，欲大量商業化生產病毒製劑較為困難。可行的生產方式有二：一為以蟲體直接培養後，收集患病蟲體加以研磨製劑配方作成產品；一為細胞培養法，將昆蟲細胞株培養於大型培養槽內，再經接種病毒、收集、配方後製成產品。以往傳統方法以前者為主，但近年來由於細胞培養技術及設備的改良，已使細胞培養法逐漸更具競爭性。

## 五、真菌

　　在自然界中，昆蟲受到真菌感染而致死者佔了很重要的一個地位；然而令人意外的是，以人為方法用病原真菌作成產品來控制害蟲的例子卻很少。目前已知約有500種以上的真菌能造成昆蟲的感染，其中有許多具有開發成為商業化產品的潛力。一般而言，病原真菌具有較廣的寄主範圍；因此，施用上應多加注意其安全性。此外，以生物分析法來偵測其致病率及死亡率較困難，而且有關真菌致病的基本病理學研究尚不夠透徹，因此，阻礙了此類病原真菌的商業化應用。事實上，真菌的發酵生產極為容易，如能進一步加強基礎知識的研究，未來以病原真菌來控制農林業害蟲的生物防治，是具有極大的發展潛力的。

　　目前研究較多並具有實用價值的蟲生真菌有白殭菌（*Beauveria*

*bassiana*）及綠殭菌（*Metarhizium anisopliae*）二種（見圖15-
1）。此類真菌的孢子，首先附著於宿主昆蟲的體表，發芽後可穿入
蟲體進入血體腔，產生毒素使宿主死亡。

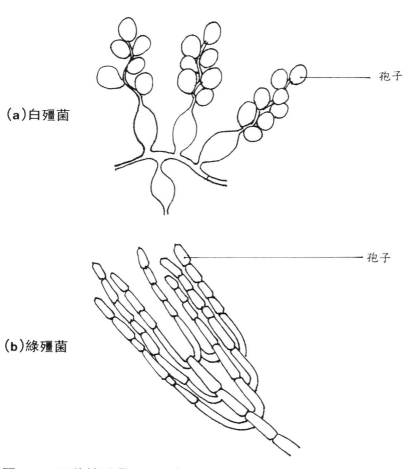

（a）白殭菌

孢子

孢子

（b）綠殭菌

**圖15-1　目前較受矚目且具有實用價值的蟲生真菌。(a)白殭菌(b)綠**
**　　　殭菌（葉心玫製圖）**

　　自然環境對此類眞菌的致病力影響很大，一般在溫度及濕度較高的環境下有利於此類眞菌的生長及感染繁殖。台灣地處亞熱帶，且四面環海，溫度及濕度都較高，相當適合這些蟲生眞菌的生長；因此很適合推廣及應用此類防治法。

## 六、立克次菌

　　立克次菌之基本構造與一般革蘭氏陰性細菌類似，但像病毒一樣是一種必須在活細胞內寄生的生物。許多立克次菌寄生於各種脊椎動物與無脊椎動物體內，且通常以節肢動物做爲其中間宿主。大多數的立克次菌與昆蟲的關係爲共生性；但也有部分種類爲寄生性的，能造成宿主昆蟲的感染與死亡。昆蟲的病原立克次菌以「小立克次菌屬」（*Rickettsiella*）爲主，且此屬的病原立克次菌不會感染脊椎動物，因此使用上相當安全。目前此類病原菌大多自鞘翅目昆蟲中分離出來，除幼蟲最具感染力外，蛹及成蟲也可感染。昆蟲感染之後短時間之內便會發病死亡。某些種類並在實驗室內發現，病原菌可經由受精卵由親代傳遞到子代，爲一種病原的垂直感染；因此，若能適當配合水平感染的防治，則可在短時間之內控制某一昆蟲族群的數目。

　　以立克次菌作生物防治有二項主要因素需要加以考慮：(1)安全性：因立克次菌對宿主的感染範圍較廣，因此必須選用對目標害蟲專一性較高的病原，以免造成其他昆蟲的死亡；(2)生產的可行性，因立克次菌爲活組織寄生性，因此不易擴大生產，與病毒產品受到的限制類似。

# 七、展望

　　人類經由多年來的研究與應用經驗，以微生物來防治蟲害的優點及有效性已受到肯定；然而其生產成本卻較傳統的化學殺蟲劑高出很多。因此，未來微生物防治蟲害法的前途將取決於人類在經濟利益與自然生態保育之間作出的抉擇。

　　近年來由於遺傳工程技術的蓬勃發展，造成了生物科技在應用上的突飛猛進。其中可應用於微生物防治方面的有：(1)昆蟲致病菌種的改良，使其更具感染與殺傷力；(2)生產技術的改良，使生物製劑產品能以更低廉的成本來生產；(3)抗蟲基因的選殖，將蘇力菌毒蛋白基因選殖到作物或其他表生菌中以達到控制蟲害的目的。例如美國孟山多農業技術公司，已將蘇力菌毒蛋白基因以遺傳工程技術選殖到一株植物正常表生菌中，而此表生菌可以在植物體表正常生長與繁殖，並源源不絕的製造蘇力菌毒蛋白。因此植物種子僅需於此表生菌液中浸泡一次，或是每季噴灑一次此表生菌於作物幼苗上即可達到防止蟲害的目的。此項產品正由美國環境保護署進行評估中。又如比利時的科學家，已成功的將蘇力菌毒蛋白基因選殖入烟草細胞中，培養出抗蟲的新品種烟草。

　　因此，近代的生物科技對未來的作物保護與生態環境保護上將佔有愈來愈重要的地位。而生物防治法不但可有效的達成蟲害控制的目的，同時也可減少因使用化學農藥而帶來的諸多害處。台灣值此化學農藥污染嚴重而環保意識又高漲的今日，微生物防治法無疑的將為我們提供了一項有效可行的解決之道。

（本文原刊於《科學月刊》第十八卷第八期，民國八十七年三月重新
修訂）

# 第十六章　漫談微生物腐蝕

　　在自然界中，細菌絕大多數是以附著在其他物體表面上的方式來生長。它們附著的機制各不相同，但通常是由所謂的「先鋒」細菌先附著在物體表面上；這些先鋒細菌的生長逐漸改變了物體表面的均質性，而後其他的微生物再逐次加入，產生混合生長的「異質菌落」或「生物膜」。這些生物膜中的微生物有的可分泌各種分解酵素（例如纖維分解酵素）來腐蝕材料，有的則可造成金屬表面電價分佈的差異而促進金屬的腐蝕。然而，不論是在自然環境中或是實驗室內的純種培養條件下，這些附著生長的細菌與浮游生長的細菌在生理上都有著顯著的不同。這些不同點包括：生長速率、分泌酵素的活性、對殺菌物質的敏感性，以及對抗宿主抗體和吞噬細胞的抵抗力等等。

## 一、細菌如何附著及形成生物膜？

　　於實驗室中，科學家發現細菌在玻璃製的培養瓶內生長時，常會產生一種所謂的「瓶效應」（bottle effect），亦即細菌傾向於附著在瓶的內壁上生長。這種瓶效應不僅見之於實驗室內的玻璃瓶，其他任何容器或自然界環境中均可見到此現象。由於細菌種類的不同、生長條件的不同以及物體表面的差異，我們可以想見這種微生物附著的機制也會大異其趣。經由微生物生態學家、生理學家，以及生物物理與生物化學方面學者的共同研究發現，細菌附著到物體表面的機制有

下述幾種方式：(1)物體表面靜電可直接吸引或排斥細菌（細菌體表經常帶負電）。(2)物體表面電價先吸引一些水溶性的高分子化合物；其次，細菌再附著於其上。細菌可藉由體表的菌毛（pili）直接附著，有時亦可分泌一些多醣類化合物來幫助細菌附著在上述的高分子化合物上。(3)重力作用直接促使一些細菌掉落在物體表面。(4)布朗運動（Brownian movement，溶液中的小顆粒因受到水分子的撞擊而產生的顫動）亦有助於細菌細胞與物體表面的碰撞與接觸。(5)其他化學結合力（例如氫鍵）亦有助於細菌附著在物體表面。

　　由於自然界中的環境極為複雜，而且各種微生物的生理特性也各有千秋，因此它們附著與產生生物膜的方式亦各異其趣。例如，圖16-1中的三種細菌，只有A菌具有最先的附著力，並開始生長形成純種的初級「微菌落」（microcolony），隨著微菌落的形成及醣膠質（glycocalyx）的分泌，增加了此區域的變異，有助於其他微生物的附著。接著，其他二種細菌（B、C）逐次被吸引過來而著生在A種微菌落上，漸次形成一匯合生長的生物膜。圖16-2所示為細菌藉著所分泌的醣膠質來附著在物體表面上的情形。這種醣膠質亦構成了生物膜的間質（matrix），有利於細菌的群聚生長及腐蝕材質。

## 二、生物膜對細菌有保護作用

　　生物膜上的細菌對於各種抑菌因子（例如，白血球吞噬作用、化學殺菌劑、抗生素治療、以及抗體結合等）具有較強的抵抗力。其原因尚無定論，但有人認為是醣膠間質的保護作用，也有人認為是膜內細菌在生理狀態上產生了變化，但亦有可能是上述二者的共同作用所

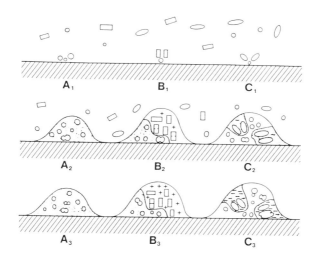

圖16-1　三種浮游細菌中，只有細菌A1能附著在物體表面並滋生繁殖，產生一種純的微菌落（A₂）。此微菌落可吸引另外二種細菌（B₁和C₁）著生於其上，經由生長與繁殖的過程而形成混合菌落（B₂和C₂）。其中有些細菌可產生離子結合力（B₃）或分泌有機酸等代謝物（C₃），使得物體表面改變並遭受侵蝕。（本插圖取材自 Behavior of Bacteria in Biofilms, Costerton and Lappin-Scott, 1989. ASM News 授權轉載）

造成的。這種生物膜可自環境中吸收各種有機與無機分子，作為細菌生長所需的養分，醣膠質則將細菌固持在生物膜內，並使養分與有毒排泄物能充分擴散和交換。而膜內的細菌則分泌各種酵素或有機酸類

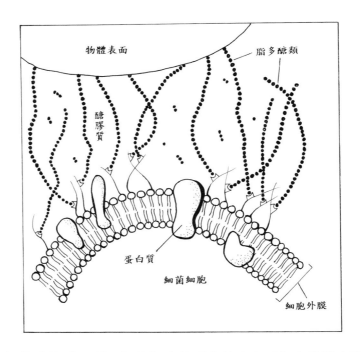

**圖16-2　細菌分泌醣膠質，促使細胞外膜上的脂多醣類與物體表面產生聯繫及附著。此大量分泌的醣膠質，最後成為微生物膜的間質。（葉心玫製圖）**

的代謝物，將附著的物體加以分解（見圖16-3）。這種生物膜中不同細菌的相互合作現象，可以有效地分解許多複雜的化合物及有毒物質（例如多氯聯苯）。

　　由於生物膜的保護，細菌可以安適的生活在許多複雜的環境中。例如含有抗體與吞噬細胞的血液中、含有殺菌氯氣的自來水輸送管壁上、心率調整器表面以及人工心臟上等。這些細菌在生物膜中滋生與

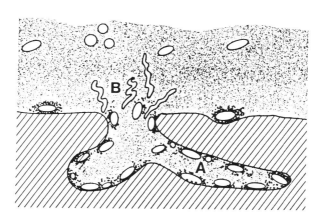

**圖16-3**　生物膜內細菌腐蝕纖維素的情形。纖維素分解菌**A**首先附著在纖維素表面，並分泌酵素將之分解而形成內凹小穴；其次，另一種纖維素分解菌**B**的代謝活動，則可進一步促進**A**菌的分解活動。（本插圖取材自 Behavior of Bacteria in Biofilms, Costertonand Lappin-Scott, 1989. ASM News授權轉載）

繁殖，可以逐漸造成附著物體表面的腐蝕與管道淤塞，亦可造成許多人體健康上的影響與工業上的巨大損失。例如，造成我們的蛀牙發炎化膿的病灶；又例如造成金屬的腐蝕、材料的腐化，導致降低表面效率及阻塞管道而耗損運送能量等。

　　海水中的細菌也經常是以附著方式來生長繁殖，例如霍亂弧菌，這種在海洋中普遍存在的細菌，如果以傳統方法來取樣檢測時，往往

會低估它們的數量。而由近代新發展的螢光抗體法及單株抗體法來偵測，則發現這些霍亂弧菌大量的附著在海水中的許多浮游生物、無脊椎動物幼蟲以及生物碎屑表面；一方面可獲取生長所需的養分，一方面也藉以得到保護。

## 三、牙斑、蛀牙與牙週病

　　牙斑、蛀牙和牙週病均為口腔細菌以附著方式形成生物膜來侵蝕牙齒所造成的口腔疾病。一般而言，口腔中的細菌組成相當恆定，在不同部位有其特定的優勢菌群落。例如在齒表與齒齦部位因物理狀況及氧氣含量的不同，細菌的組成就有所不同。這些細菌利用分泌的多醣類膠質形成間質來附著在齒表上，爾後細菌便在此間質中滋生繁殖；而細菌代謝所分泌的有機酸則逐漸侵蝕齒質造成蛀牙。

　　預防蛀牙的最佳方法就是飯後漱口，勿使食物殘留在口腔中成為細菌生長的營養；此外也要經常利用機械動作將著生的細菌除去，例如刷牙、使用牙線及定時請牙醫洗牙。使用含有殺菌劑的漱口水並非上策，因為這些漱口水並非但不能有效的殺死受到生物膜保護的牙斑菌，同時也會破壞口腔中正常菌叢的分佈。一旦口腔有了傷口，反而因失去正常菌叢的保護而給予致病細菌可乘之機，造成更嚴重的細菌感染。

## 四、對醫藥界的衝擊

　　雖然人體內的防禦系統在正常情況下可以將入侵的細菌消滅，但在少數情況下（例如免疫力減弱或大量細菌感染時），一些漏網的細

菌一旦附著群聚於體內的器官上並產生生物膜後，便可造成該器官的持續性感染。傳統的抗生素或殺菌藥物治療法是針對浮游細菌而設計出來的；但因這些生物膜中的細菌對抗生素或殺菌劑有較強的抵抗力，因此我們對傳統的藥物治療觀念必須加以修正，重新估算恰當的用藥量方能達到有效的治療效果。此外，植入體內的人工物品，如人工心臟、心律調整器等，一旦被細菌附著群聚生長後，即使長期施以傳統的抗生素治療，也無法徹底清除這些細菌；一旦停止用藥，便會立刻產生全身性的感染。有時這些著生細菌脫落下來的細胞團塊，也會造成腦部與肺部血管的阻塞，而發生腦中風與肺炎。

由於生物膜能保護其內的細菌，抵抗我們體內的防禦系統，因此如何防止體內器官被細菌附著生長是非常重要的。醫院必須非常小心的維持供水、空調及呼吸輔助器的清潔，避免其產生細菌生物膜而誤將其送入病危或加護病房中，造成病人的感染。外科醫師在植入任何人工物品到病人體內時，必須確定其上不含有細菌群聚的生物膜；壞死的組織與碎屑要小心清除乾淨，甚至滅過菌的物品也不能帶有死亡的細菌生物膜，因為此區域將來極易再度被浮游細菌所附著生長。

一旦發生由生物膜引起的慢性感染後，化學治療所用的抗生素劑量，必須依據可殺死生物膜的劑量來施用，而非用一般抗生素感受試驗（sensitivity test）中只能殺死浮游細菌的施用量。抗生素用量不足，非但不能有效根除病菌感染，同時有造成加速細菌產生抗藥性的可能，不可不慎。目前市場上所供應的抗生素與建議施用量，均是以殺死浮游細菌的能力作篩選而開發出來的。由於對生物膜的了解與日俱增，傳統製藥工業必須改變策略，以生物膜為目標，致力開發具有

穿透生物膜能力的化學治療藥物。

## 五、對工業界的衝擊

　　自來水管內壁是形成生物膜的良好場所；水中加氯雖可殺死許多污染的雜菌，使水質含菌量達到檢驗的容許標準，但無法有效殺死生物膜中的細菌。從自來水廠將水經水管輸送到用戶的過程中，管壁往往因生物膜中細菌的繁殖而釋出細菌，污染水質。因此，若要有效的控制水質，不但要作水樣的分析，同時也需經常檢測輸水管道。

　　海洋細菌可附著在許多海洋器物的表面。例如，鑽油設備及船隻一旦形成生物膜後，許多攝食細菌的的高等生物則繼之附生於其上，因此增加了船隻行進時的拖滯力，而減低航速。雖然抗附著的防污塗漆已廣泛的應用在船隻上，然而許多細菌仍能在這種防污塗漆上生長。目前所使用的防污塗料大多含有殺菌的重金屬（如汞、鉛、銅、鉻等），但這些重金屬也會造成海洋污染問題。因此，近來研究的趨勢是利用添加驅除藥物於塗料中，使之緩慢釋出來達到目的。目前已證實單寧酸、丙烯醯胺、安息香酸等具有防止細菌附著的功效，未來可應用於防污塗料中。

　　生物膜不但會污染水質，亦會對附著的材質產生腐蝕現象。例如管壁厚達1.5公分的輸油鋼管，可因生物膜的形成與腐蝕作用，而在六個月內穿孔腐蝕。這種金屬腐蝕現象往往是由於生物膜於金屬表面造成電位差異，再加上微生物酸性代謝物的協同侵蝕而造成的（見圖16-4）。當生物膜在金屬表面逐漸生長加厚之際，表面的好氧細菌會將氧氣消耗掉，而使具侵蝕力的厭氧細菌得以在內部生長；外層好氧

細菌分泌的代謝物亦可供應內部侵蝕細菌的營養需求。

　　這些腐蝕金屬的罪魁禍首通常是一些「硫酸還原菌」，它們在金屬表面造成電位差而產生陰極區與陽極區；而陽極區的金屬會逐漸流失凹陷，並逐漸擴大侵蝕範圍與深度，最後造成穿孔（見圖16-4D）。這種腐蝕金屬的現象往往發生於輸油管的內壁，不但導致輸油

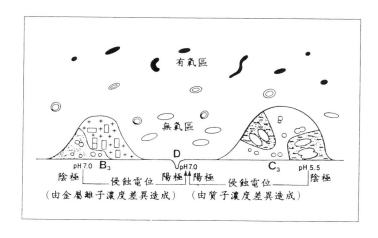

**圖16-4**　　生物膜在金屬表面產生侵蝕電位差的情形。表層細菌先將氧氣消耗掉，促使缺氧的底層形成厭氧生物膜。若細菌分泌多醣類物質與金屬離子結合（B₃）或產生酸性代謝物質（C₃），則會在金屬表面造成電位的差異而產生陽極區與陰極區。陽極區則因微生物的活動而逐漸受到侵蝕產生凹穴，最後可導致鋼板穿孔。（本插圖取材自**Behavior of Bacteria in Biofilms, Costerton and Lappin-Scott, 1989. ASM News**授權轉載）

效率減低及油品的流失，同時也造成嚴重的環境污染。

其他許多工業也同樣遭受生物膜細菌侵蝕的困擾。例如熱交換器水管上的微生物膜，不但降低熱傳導效率，同時也使得管道變狹降低其輸送率。又例如灌水式油井，管道經常被生物膜所堵塞，有時甚至因為群聚細菌釋放硫化氫造成土壤酸化，最後能導致整片油田的關閉。

## 六、控制策略

由於一旦形成微生物膜之後，其上的群聚細菌即具有較強的抗殺菌劑能力，不易去除，因此最佳的策略是防止細菌的附著。目前的已知各種材料，無論是金屬或塑膠材質，均無法倖免於細菌的附著。因此，可以在製造這些材質時，預先加入一些殺菌劑或抗生素；這些殺菌劑可以慢慢釋出，而使細菌不易附著。例如，導尿管、心律調整器等醫療器材，若能在製造過程中加入適量的抗生素，將可大為降低病人的細菌感染。而製藥工業也應該採用新策略，應針對生物膜細菌來開發有效的殺菌藥物。此外，在其他工業用品上，防污塗料的開發也需要更多的微生物生理學家以及微生物生態學家的參與，以生產有效的防污塗料來減低因微生物腐蝕所造成的損失。

（本文原刊載於《科學月刊》第二十一卷第七期，民國八十七年三月修訂）

國家圖書館出版品預行編目資料

有趣的微生物世界

劉仲康・林全信著. – 初版. – 臺北市：臺灣學生，
2005[民 94]
面；公分（中華民國中山學術文化基金會中山文庫）

ISBN 957-15-1249-4(平裝)

1. 微生物 – 通俗作品

369                                              94002049

中華民國中山學術文化基金會中山文庫
## 有 趣 的 微 生 物 世 界

主　　　編：劉　　　　　　　　　　　真
著 作 者：劉 仲 康 ・ 林 全 信
發 行 人：盧　　　　保　　　　宏
發 行 所：臺 灣 學 生 書 局 有 限 公 司
　　　　　　臺北市和平東路一段一九八號
　　　　　　郵 政 劃 撥 帳 號 ： 00024668
　　　　　　電 話 ： (02)23634156
　　　　　　傳 眞 ： (02)23636334
　　　　　　E-mail：student.book@msa.hinet.net
　　　　　　http://www.studentbooks.com.tw
本書局登
記證字號：行政院新聞局局版北市業字第玖捌壹號

印 刷 所：長 欣 彩 色 印 刷 公 司
　　　　　　中 和 市 永 和 路 三 六 三 巷 四 二 號
　　　　　　電 話 ： (02)22268853

定價：平裝新臺幣三八〇元

中 華 民 國 九 十 四 年 二 月 初 版